本书出版得到国家社科基金青年项目（项目号：19CJY020）、重庆市教委人文社科规划项目（项目号：23SKGH255），以及重庆理工大学优秀学术著作出版基金的资助。

经管文库·经济类

前沿·学术·经典

环境政策的资源配置效应研究

A STUDY ON THE EFFECT OF ENVIRONMENTAL POLICIES ON RESOURCE ALLOCATION

金晓雨 著

经济管理出版社
ECONOMY & MANAGEMENT PUBLISHING HOUSE

图书在版编目（CIP）数据

环境政策的资源配置效应研究/金晓雨著．—北京：经济管理出版社，2024. 1
ISBN 978-7-5096-9609-5

Ⅰ．①环…　Ⅱ．①金…　Ⅲ．①环境政策—研究—中国　Ⅳ．①X-012

中国国家版本馆 CIP 数据核字(2024)第 045439 号

组稿编辑：赵天宇
责任编辑：赵天宇
责任印制：许　艳
责任校对：陈　颖

出版发行：经济管理出版社
（北京市海淀区北蜂窝 8 号中雅大厦 A 座 11 层　100038）
网　　址：www. E-mp. com. cn
电　　话：（010）51915602
印　　刷：唐山玺诚印务有限公司
经　　销：新华书店
开　　本：720mm×1000mm/16
印　　张：12. 75
字　　数：238 千字
版　　次：2024 年 4 月第 1 版　　2024 年 4 月第 1 次印刷
书　　号：ISBN 978-7-5096-9609-5
定　　价：88. 00 元

前　言

资源配置是经济学研究的基本问题之一，对于一国生产率和长期增长有着重要影响。环境政策在规制企业减少污染排放的同时，也会影响企业的研发、生产规模和市场进入退出，产生企业内和企业间微观资源配置效应。党的十九大将污染防治作为三大攻坚战之一，也引起各界对环境政策利弊得失的讨论。厘清并识别环境政策的资源配置效应，是正确看待环境保护与经济发展关系、决定未来环境政策走向的关键。

生产率增长来源于资源配置效率的提升。本书根据加总生产率分解方法，将资源配置效应分为三个部分：来自企业自身研发和生产率增长引起的企业内资源配置效应、在位企业相对市场份额变化和要素流动引起的企业间静态资源配置效应、企业市场进入退出引起的企业间动态资源配置效应。本书理论和实证相结合，通过数理模型推导环境政策的资源配置效应，测度中国制造业资源配置效应，并利用中国制造业企业数据实证环境政策对资源配置的影响和微观机制。具体来看，首先，构建一般均衡的数理经济模型，纳入异质性企业研发和市场进入退出，推导出均衡的企业研发、生产率、生产规模和进入退出，并进行比较静态分析。将环境政策作为外生政策冲击，讨论环境政策对均衡企业研发、生产率、规模和市场进入退出的影响，以及由此产生的资源配置效应和加总生产率变化。其次，对中国工业企业数据进行全面详细处理的基础上，计算制造业企业生产率和制造业加总生产率变化，并利用动态 OP 生产率分解方法将加总生产率变化分解为企业内效应、规模效应和进入退出效应，测算企业内资源配置效应、企业间静态资源配置效应和企业间动态资源配置效应。再次，利用中国“十一五”期间主要污染物排放控制计划的环境政策实验、实证环境政策对加总生产率变化和导致加总生产率变化的三种资源配置效应的影响；并利用制造业企业层面数据，对三种资源配置效应的微观机制进行识别。最后，基于理论和实证研究结论，提出建立科学环境政策体系的政策建议。

本书理论研究发现，一般均衡下企业的研发、规模和进入退出行为相互影响，环境政策会改变均衡时的企业研发及生产率、生产规模和进入退出，进而产生资源配置效应并影响加总生产率增长。环境政策采取的不同措施对企业成本结构的影响不同，进而引起的资源配置效应和加总生产率增长也不同。对制造业加总生产率和资源配置效应的测算发现，加总制造业全要素生产率年均增长5.5%，且有下降趋势。其中，60%来自企业自身研发和生产率增长引起的企业内资源配置效应，38.4%来自在位企业规模调整引起的企业间静态资源配置，1.6%来自企业进入退出引起的企业间动态资源配置。基于中国制造业数据和“十一五”期间主要污染物排放控制计划的环境政策实证研究发现，中国的环境政策虽然不利于企业内资源配置，但有利于企业间静态和动态资源配置，总体上促进制造业加总生产率增长。进一步利用企业层面的微观数据，检验三种资源配置效应的微观机制。机制检验发现，环境政策增加企业负担，阻碍了企业生产率提升，且低生产率企业受到的影响更大；对于企业研发而言，环境政策会产生利润削弱和摆脱规制两种效应，这两种效应对不同生产率企业的研发影响不同。高生产率企业摆脱规制效应占主导，低生产率企业利润削弱效应占主导，导致环境政策有利于高生产率企业研发却不利于低生产率企业研发。对企业研发和生产率的研究支持弱波特假说，也识别了环境政策影响企业内资源配置的机制。环境政策对不同生产率企业的规模和要素投入有异质性影响，使高生产率企业相对规模、资本和劳动要素投入更多，这导致市场份额和生产要素由低生产率企业流入高生产率企业，优化在位企业间的资源配置。环境政策增加市场进入企业数量，且严格的环境政策下进入企业相对在位企业生产率更高；环境政策增加企业退出概率，且低生产率企业退出概率更高。这验证了环境政策提高进入企业的生产率门槛并促进低生产率企业退出，通过企业进入退出优化企业间动态资源配置的机制。

根据理论和实证研究结论，提出构建科学环境政策体系的政策建议：第一，多种政策措施协调配合，形成科学的环境政策体系。第二，以市场化环境政策为主，行政命令式环境政策为辅。第三，环境政策配合研发补贴，引导企业向绿色技术转型。第四，鼓励高生产率企业发展，提升企业间资源配置效率。第五，促进低生产率企业有序退出，为其他企业腾出要素和市场。

本书获国家社科基金青年项目“企业互动视角下中国环境政策的微观资源配

置效用研究”（项目号：19CJY020）、重庆市教委人文社科规划项目“全国统一大市场建设促进经济增长的机制研究”（项目号：23SKGH255）、重庆理工大学优秀学术著作出版基金的资助。本书可供学术研究使用，也可作为相关专业方向研究生教学参考用书。

目　录

第一章　绪论

第一节　研究背景

改革开放以来，中国经济维持了40多年的高增长。这种高增长主要依赖高能耗、高污染制造业的扩张，进而导致经济高增长的同时环境也在不断恶化。2010年中国已成为全球最大的能源消耗国家，最大的二氧化碳和二氧化硫排放国。2020年全国337个城市PM2.5、PM10、O_3、SO_2、NO_2和CO浓度分别为33微克/立方米、56微克/立方米、138微克/立方米、10微克/立方米、24微克/立方米和1.3微克/立方米，135个城市空气质量超标，占全部城市数量的40.1%①。2020年，全国废气中颗粒物排放量为611.4万吨，其中工业源废气中颗粒物排放量为400.9万吨，生活源废气中颗粒物排放量为201.6万吨，移动源废气中颗粒物排放量为8.5万吨，集中式污染治理设施废气中颗粒物排放量为0.3万吨。全国废水中化学需氧量排放量为2564.8万吨，其中，工业源废水中化学需氧量排放量为49.7万吨，农业源化学需氧量排放量为1593.2万吨，生活源污水中化学需氧量排放量为918.9万吨，集中式污染治理设施废水（含渗滤液）中化学需氧量排放量为2.9万吨②。产生这些污染的来源中，中国的工业尤其是制造业是污染物排放的主要来源。

① 资料来源：《2020中国生态环境状况公报》。

② 资料来源：《2020年中国生态环境统计年报》。

环境恶化影响人们的生产和生活。大量研究发现，环境污染影响工人工作效率和企业生产率、居民身体健康、幸福感和精神健康等（He and Perloff，2016；Zhong et al.，2017；Chen et al.，2018；Fu et al.，2021）。以1996年衡量，中国的环境污染导致的经济损失占GDP的10%~15%（Smil，1996）；最近的研究发现，仅仅是空气污染就会带来每年0.7%的GDP损失（Gu et al.，2018）。考虑到一些尚未发现的负面影响和长期影响，以及土壤、水等方面由于缺乏数据没有准确评估，中国环境恶化的负面影响可能会更大。随着人们生活水平的提高，对环境的需求不断增加，为改善环境的支付意愿也在不断增加。可是由于环境污染存在外部性，企业作为污染的主体缺乏减少污染排放的动机，加之政府为了经济增长对企业的污染排放也缺乏约束的动机，导致保护环境不能靠市场自发调节。

为了应对环境恶化，政府制定了多种环境保护相关政策，加强对环境的规制。这些政策既有一些强制性的政策，也有更加市场化的政策。强制性的政策包括制定相关法律法规限制污染排放，或者要求企业安装处理设备对排放进行处理；通过征收排放税费，或绿色研发补贴等方式引导企业采用更清洁的技术减少生产中的污染排放。近年来，政府也在积极探索更加市场化的方法，通过建立碳交易市场控制总量污染排放。2011年，在北京、天津、上海、重庆、湖北、广东、深圳七个省份进行碳排放权交易试点。这些试点省份彼此独立，采取了不同的交易规则，尽管交易额不大，但也为进一步开展全国性的碳排放交易市场提供了宝贵的经验。2021年，中国建立全国性的碳排放交易市场，发电行业成为首个纳入全国碳交易市场的行业，纳入重点排放单位超过2000家。中国的碳市场将成为全球覆盖温室气体排放量规模最大的市场。这些环境规制政策各有优缺点和适用范围，但不管采取何种规制方式，环境规制都无疑会增加企业的负担。因此，政府和学界应该正确衡量环境规制政策的成本和收益，选择一个净收益最大化的方案。

中国制造业虽然在全球占的比重很高，但是生产率不高。早期的观点认为制造业生产率差异来自生产技术和人力资本差异，但近年来一些研究发现，企业间的资源错配也会对制造业加总生产率产生重要影响（Restuccia and Rogerson，2008；Hsieh and Klenow，2009）。理论上，竞争市场中企业应该按照同一种要素的边际收益等于要素价格进行生产，但是由于企业层面上异质性的税收补贴等原因导致企业间同一种要素的边际收益并不相等，降低资源在企业间配置效率。Hsieh和Klenow（2009）指出，中国制造业的资源配置效率不高，如果中国的资

本和劳动配置情况能够达到美国的水平，制造业生产率可以提高 30%~50%。还有一些研究对资源错配进行了概念和范围上的拓展，将企业的研发行为作为企业内资源配置效应，将企业的进入退出作为企业间的动态资源配置效应。

环境政策在规制企业减少污染排放的同时，也会影响资源配置。异质性企业面临同样的环境政策，受到的影响是不同的。相同的环境政策下，不同企业的研发、生产规模、要素投入、进入退出等决策都不同，这就产生了企业内部和企业之间的资源配置效应。与此同时，不同的环境规制政策影响企业的不同成本结构，也会导致不同的资源配置效应。比如，排污税费影响的主要是企业的边际成本，强制安装减排设备和废水、废气预处理设备主要增加的是企业的固定成本，而一些环评、招商引资中的行政审批则影响企业的进入成本。不同政策之间需要协调，以对冲单一政策可能导致的不良后果。这就要正确认识不同环境规制政策的资源配置效应差异，以及其中的微观机制。

党的十九大将污染防治作为三大攻坚战之一，也引起各界对环境政策利弊得失的讨论。事实上，衡量环境规制的成本收益，必须正确认识其中的微观机制。在认识了微观机制的基础上，通过恰当的政策以及一揽子政策的协调将环境规制导致的收益最大化和损失最小化。因此，从理论上梳理环境政策的资源配置效应，并利用中国的微观企业数据进行实证检验，是正确看待环境保护与经济发展的关系，以及未来环境政策走向的关键。基于此，本书将理论和实证相结合，研究中国环境政策的微观资源配置效应，为中国的环境政策走向提供理论依据和经验证据。

第二节　研究意义

一、学术价值

第一，以异质性企业研发、生产规模和进入退出内生互动视角，将企业内和企业间资源配置联系起来进行一般均衡分析，丰富了环境政策的资源配置效应理论。以往研究分别单独讨论企业内和企业间资源配置，一部分文献讨论环境政策对企业研发和生产率的影响，理论分析和实证验证波特假说，这事实上讨论的是企业内资源配置，即环境政策下企业本身对研发和生产率的选择；还有一部分文献讨论环境政策对企业间资源配置的影响，包括各种要素在企业间的配置以及企业的进入退出行为。这两部分文献都是一种局部均衡分析。事实上，环境政策在影响企业研发的同时，也会影响企业间的要素流动和进入退出选择，进而产生企业间资源配置；环境政策影响企业间要素流动和企业进入退出时，也会影响企业的研发行为，进而产生企业内资源配置效应。因此，企业内和企业间资源配置是同时决定的，研究资源配置应该将二者放在一个统一的框架中进行一般均衡分析。

第二，构建异质性企业同时决定研发、生产规模和进入退出的一般均衡理论框架，增进对环境政策下异质性企业行为的理解。以往研究多针对企业的某一种行为进行讨论，分析环境政策对企业研发、要素流动、进入退出等行为的影响。事实上，企业的这些行为是同时决定的，需要在一般均衡中进行分析。本书将异质性企业的研发、生产规模和进入退出视为内生变化，环境政策作为外生政策冲击会同时影响企业的这些行为。异质性企业面对政策冲击有不同的研发和生产率、生产规模及进入退出选择，并通过企业互动形成一个新的均衡。这种将企业行为放在一个一般均衡框架分析的方法，有助于增进对异质性企业行为的理解。

第三，采用政策实验和一系列计量方法解决环境规制测度困难和内生性问题，为相关实证研究提供方法参考。环境经济实证研究中一个重要的问题是环境规制指标的内生性，早期的实证研究中存在遗漏变量、测量误差和互为因果导致的内生性问题，导致实证研究结论可靠性不足。一些研究采用工具变量方法试图克服内生性，但是很难获得有效的工具变量，结果往往也不稳健。近年来，一些研究采用外生性的环境政策构造自然实验来检验环境规制的影响。这些研究一般是通过环境政策的地区与时间差异构造处理组和对照组进行双重差分或三重差分估计，可以有效解决内生性问题，进行更可靠的因果识别。另外，当前研究也更注重使用微观数据，通过各种微观计量方法进行可靠的因果识别和影响机制检验。本书采用“十一五”规划中央对地方政府减排指标分配构造自然实验来检验环境政策影响，可以有效克服内生性问题。同时，使用 1998~2013 年制造业微观企业数据也是目前中国最全面的企业数据，利用一系列微观计量方法，得出更可靠的因果识别和机制检验结果。

二、应用价值

第一，测度和评价中国环境政策的资源配置效应。迄今为止，中国已制定了多项环境政策。这些政策类别上既包括与环境保护相关的法律法规，也包括政府的一些减排和环保的规划及计划。手段上包括排放税费、补贴、排放交易体系、排放许可、监管等多种措施。这些政策和手段的效果如何，亟须进行科学评价。尽管已有一些研究讨论了环境立法和环境规制政策的某方面影响，但这些尚不足以对环境政策进行全面评价。环境政策的影响是全局性的，要在一般均衡下考察其影响，并识别其影响机制。这样才能根据影响机制改进环境政策。

第二，为构建优化资源配置的环境政策体系提供理论依据和政策指引。不同环境政策的影响大小和影响机制是不同的，在应对环境污染问题时，往往需要采取一揽子政策相互配套，才能更好地规避一些政策的负面影响，实现收益最大和成本最低的目标。比如，采取排放税费增加企业负担的同时，对企业进行绿色研发和技术补贴可以在引导企业减少污染排放的同时减少企业经济负担，实现经济和环境的双赢。因此，要厘清不同政策对企业的影响，才能制定一个相互配合的一揽子环境政策，实现经济发展和环境保护的双赢。本书对环境政策资源配置效应的评价和微观机制的考察，为不同环境政策之间，以及环境政策与其他政策之间协调互补，构建有助于优化资源配置的环境政策体系提供指引。

第三节 研究方法

第一，采用数理模型推演来构建环境政策资源配置效应的理论框架。以往很多异质性企业垄断竞争模型外生设定生产率参数，无法考察企业研发行为及其对生产率的影响。本书为了考察企业的研发及进入退出动态效应，在经典垄断竞争模型中引入企业研发和进入退出，并设定内生的生产率分布参数。一般均衡下，异质性企业内生同时决定研发、进入退出和生产规模，得到均衡生产率分布以及规模分布。在此基础上进行比较静态分析，考察环境政策冲击下，异质性企业行为差异如何改变加总生产率分布，以及由此产生企业内和企业间资源配置效应。此外，不同环境政策对企业的影响不同，理论模型中区分了不同类别的环境政策对企业成本结构的影响，以及由此引起的资源配置效应之间的差异。

第二，采用动态 OP 生产率分解方法测度环境政策的资源配置效应。利用 OP 方法克服同时性和样本选择偏差，测量制造业企业生产率。进一步采用动态

OP 生产率分解方法将加总生产率分解测算资源配置效应，将资源配置效应分解为企业生产率提升、进入退出和规模变化三个方面，识别三种资源配置效应各自的贡献。动态 OP 生产率分解方法正确设定了进入企业和退出企业生产率的比较基准，能够更准确衡量进入和退出效应。同时，为了与之对比，测算中也采用 GR 和 FHK 等其他分解方法进行对比分析。

第三，采用政策实验和三重差分法来解决实证中环境规制测度困难和内生性问题。以“十一五”规划中央对地方分配的主要污染物排放控制计划为政策实验来处理环境规制测度困难和多种因素导致的内生性问题。该污染物排放控制计划对不同省份设定了不同的排放缩减标准，产生了地区之间的差异，这可以作为地区环境规制力度差别的一个度量。进一步采用双重差分或三重差分控制相应维度上的固定效应。综合运用政策实验和三重差分法，可以有效解决实证中的内生性问题。

第四，综合采用多种微观计量方法来处理实证中的问题。实证中影响机制检验用到了大量微观数据，为了得到更可靠的实证结果，研究中综合使用了多种微观计量方法进行分析。例如，对关于企业研发的实证中，考虑到很多企业没有研发投入，针对被解释变量连续和不连续的情况，区分了研发的集约边际和广延边际，分别采用线性和非线性回归；对企业进入退出的研究中，识别企业是进入企业、在位企业还是退出企业基础上，采用 Poisson 回归识别企业进入数量，采用 Logit 模型识别企业的生存选择。

第四节 创新点

第一，学术思想上，引入企业行为互动，将企业内和企业间资源配置联系起来。以往文献单独考察环境政策对企业研发、进入退出和生产规模中某一行为的影响，将企业内或企业间资源配置割裂来讨论。这既与现实中企业行为不符，也导致对资源配置效应的测度偏差。本书将企业研发、进入退出和生产规模选择联系起来，在统一框架下考察企业内和企业间资源配置，可以解决这些问题。

第二，学术观点上，指出企业研发、进入退出和生产规模上存在互动，环境

政策产生的资源配置效应是异质性企业内生行为选择的结果。企业研发决定其生产率、生存概率和规模，影响市场竞争和其他企业行为；其他企业研发、进入退出也改变市场竞争，影响企业行为，因此企业在研发、进入退出和规模上都是相互影响和内生决定的。环境政策冲击下异质性企业行为不同，而资源配置正是来自环境政策冲击下异质性企业内生行为选择的结果。

第三，研究方法上，采用动态 OP 生产率分解方法对资源配置效应进行分解，量化识别出三种资源配置效应。相对以往方法，该方法既可以对资源配置效应进行分解得出其中各个部分的贡献，同时也克服了其他分解方法对进入退出贡献的测度偏差。以政策实验、三重差分和多种微观计量方法，解决环境规制测度困难和内生性问题。以“十一五”期间中央对地方分配的主要污染物排放控制计划，构造三重差分模型，解决环境规制测度困难和内生性问题，以 Poisson 回归和 Logit 模型识别环境政策对企业进入退出的影响。

第五节 研究思路和结构安排

以“理论分析—实证检验—机制识别—政策建议”为思路。首先，构建理论模型，推导环境政策产生的三种资源配置效应；其次，测度资源配置效应，实证检验环境政策对资源配置的影响；再次，分别针对三种资源配置效应，从微观层面上识别影响机制；最后，根据理论和实证结论，提出构建有助于优化资源配置的环境政策体系的政策建议。基于以上研究思路，本书具体的结构安排如下：

第一章是绪论。交代研究背景、研究意义、采用的研究方法、主要创新点、研究思路和结构安排。

第二章是文献综述。分以下几个方面对相关文献进行综述：第一，环境政策相关研究；第二，资源错配相关研究；第三，环境政策对资源错配的影响；第四，对相关文献的评述，指出相关文献的贡献和不足，提出本书的学术贡献。

第三章是环境政策资源配置效应理论模型。在一般均衡下，构建数理经济模型，推导出环境政策对企业行为的影响，以及由此产生的资源配置效应。模型中通过引入异质性企业研发行为，使模型可以将异质性企业研发、规模变化和动态进入退出纳入统一的分析框架，讨论一般均衡下企业互动对一般均衡的影响。在得到一般均衡的企业研发、生产率、规模、企业数量和进入退出结果后，进一步进行比较静态分析，讨论不同环境政策措施对企业行为和资源配置的不同影响，以及由此导致的加总生产率变化。

第四章介绍数据来源及处理。相对于以往文献多采用 1998~2007 年中国工业企业数据，本书将数据年份扩充到 2013 年，采用 1998~2013 年中国工业企业数据。但由于 2007 年之后的数据有行业代码不一致、一些关键指标缺失等问题，需要进行处理和对缺失指标估算。本章详细介绍了工业企业数据处理过程。同时，也介绍了实证研究中采用的环境政策数据，即“十一五”期间全国主要污染物排放控制计划，计划的背景、指标分配等使其可以作为检验环境政策效果的一个良好政策实验。

第五章对制造业生产率和资源错配进行计算。综合对多种生产率计算方法的评价，最终采用 OP 方法计算企业生产率，并加总到年份—省份—行业层面。基于动态 OP 生产率分解方法，将加总生产率增长分解为企业内效应（企业内资源配置效应）、规模效应（企业间静态资源配置效应）、进入和退出效应（企业间动态资源配置效应）三种效应的贡献，并对资源配置效应进行时序、地区和行业层面的分析。

第六章对环境政策的资源配置效应进行实证检验。基于 1998~2010 年中国制造业企业数据和“十一五”期间中央对各省分配的二氧化硫排放控制计划，实证环境政策对加总生产率的影响，并将加总生产率分解为不同的资源配置效应，分别实证环境政策对这些资源配置的影响，识别环境政策影响加总生产率的资源配置来源。

第七至第十章是微观机制检验，分别检验环境政策对企业内资源配置效应、企业间静态资源配置效应和企业间动态资源配置效应的影响机制。基于 1998~2010 年微观企业层面的数据，第七章实证环境政策对企业生产率的影响，识别企业本身生产率变化带来的企业内资源配置效应。第八章实证环境政策对企业研发的影响，提出环境政策产生的利润削弱效应和摆脱规制效应对不同生产率企业的异质性影响，并进行了实证验证。第九章实证环境政策对企业规模的影响，通过环境政策对不同生产率企业规模、要素投入变化的不同影响，识别出环境政策对企业相对市场份额和要素投入的影响，即企业间要素流动产生的静态资源配置效应。第十章识别环境政策对企业进入退出的影响，通过 Poisson 回归实证环境政策对企业进入数量的影响，以及环境政策对进入企业和在位企业相对生产率的

影响；根据企业跨期选择继续生存和退出市场，构建面板 Logit 模型识别环境政策对异质性企业退出率的影响，进而识别出环境政策通过企业进入退出引起的动态资源配置效应。

第十一章是结论与政策建议。总结本书得到的主要结论，基于研究结论提出构建科学的环境政策体系的一些建议。

具体技术路线如图 1-1 所示。

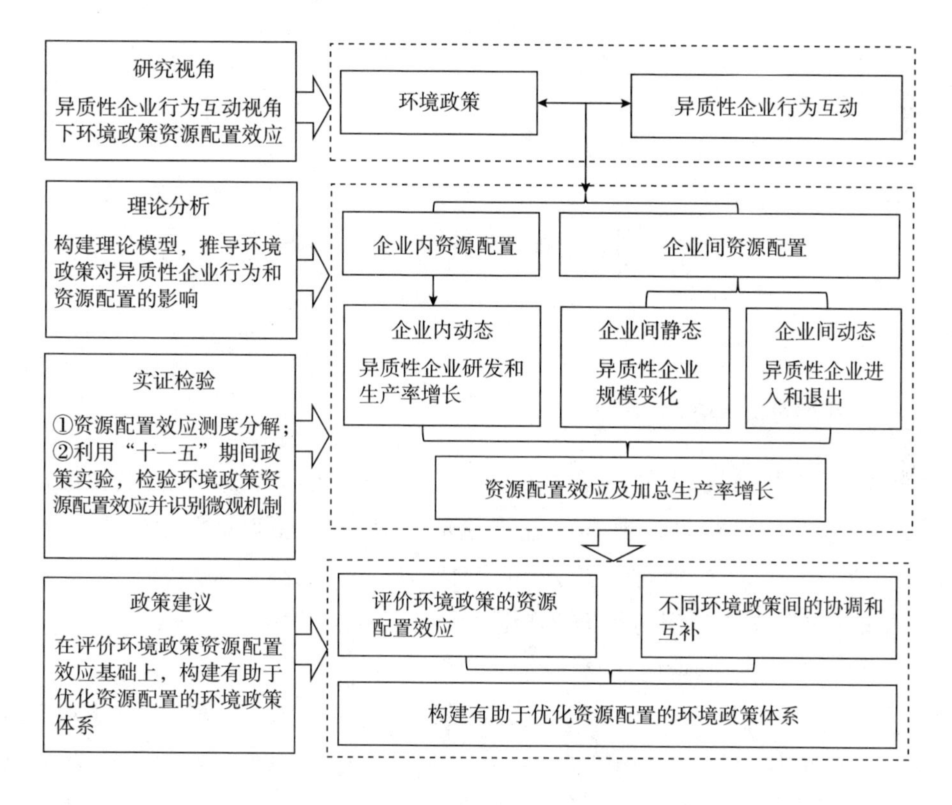

图 1-1　技术路线

第二章　文献综述

第一节　环境政策相关研究

一、环境污染的影响

环境污染从污染源上划分有空气污染、水污染、土壤和固体废弃物污染，限于污染源数据的可得性，现有研究讨论的多是空气污染的影响（Greenstone et al.，2021）。以下分别就空气污染对身体健康、精神健康、企业生产率以及环境污染的其他影响综述国内外相关文献。

1. 空气污染对身体健康的影响

国内外关于空气污染对身体健康影响的研究文献众多，不同研究方法和数据得到的结论基本一致，发现空气污染会损害居民的身体健康，增加与空气污染相关疾病的发生和死亡率（陈硕和陈婷，2014；Tanaka，2015；范丹等，2021）。陈硕和陈婷（2014）利用地级市面板数据实证检验火电厂二氧化硫排放的健康影响，发现二氧化硫排放量每增加1%，万人中死于呼吸系统疾病及肺癌人数分别增加0.055人和0.005人。二氧化硫排放每增加100万吨，万人中死于这两类疾病的人数分别增加0.5人和0.3人。进一步估计生命损失及医疗费用，发现该气体每年造成的死亡人数高达18万人，治疗费用超过3000亿元。Tanaka（2015）利用“两控区”的政策实验构造双重差分模型，实证发现“两控区”城市婴儿死亡率显著下降了20%。这来自“两控区”城市对二氧化硫和酸雨实行了更严

格的规制，改善了空气质量，这种空气质量的改善对于婴儿的健康有益。He 等（2016）利用北京奥运会项目的举办检验了环境质量改善对人口死亡率的影响，发现 PM2.5 下降 10%会导致死亡率下降 8%，其中 10 岁以下儿童受到环境改善对死亡率的影响更大。Zhong 等（2017）利用北京交通限行发现汽车尾号 4 的限行日，二氧化氮浓度比平时高 12%，空气污染导致与发烧和呼吸相关症状的救护车呼叫次数分别增加 12%和 3%，而对受伤相关呼叫却没有显著影响。Bombardini 和 Li（2020）研究中国出口引致的污染，发现污染密集型产品出口每增加 1 个标准差会增加 4.1‰的活产婴儿死亡率。陈镘等（2022）基于 2000 年和 2010 年中国人口普查及 2005 年和 2015 年各省级行政单元 1%人口抽样调查等数据，发现城市 PM2.5 对人口死亡率有显著正向影响。

近年来，空气质量数据和居民微观数据更为丰富，很多研究使用了对空气质量更准确的度量指标和更为微观的居民数据进行实证研究。Fan 等（2020）利用中国北方冬季燃煤供暖系统启动日期的变化，研究发现冬季燃煤供暖导致 10 微克/立方米的空气质量指数（Air Quality Index，AQI）上升和 2.2%的死亡率增加，且贫困人口和农村地区受到的影响更大，这也意味着经济条件的改善有利于改进防护，降低污染对健康的影响。He 等（2020）研究了秸秆焚烧导致的空气污染，进而对人口死亡率的影响。发现秸秆焚烧产生的颗粒物污染增加了心肺疾病死亡率，PM2.5 上升 10 微克/立方米会增加 3.25%的死亡率，且农村地区中老年人群受到的影响更大。从政策的成本收益角度衡量，为阻止农村地区的秸秆焚烧，中国采取的秸秆回收综合利用政策的政策收益远高于成本。He 等（2020）和 Fan 等（2020）的估计效应接近，但高于 He 等（2016）的估计结果。一个可能的解释是，He 等（2016）使用的数据是 2006~2010 年，其间中国的环境污染数据可能是低估的（Greenstone et al.，2022）。范丹等（2021）利用“大气十条”基于中国健康与营养调查的微观数据，研究发现“大气十条”的实施对居民健康有显著影响，该政策不仅会影响与空气污染相关疾病的发病率和死亡率，还会影响与空气污染相关的疾病病情。这些研究采用的数据和方法多为短期的，指向的是短期空气污染对居民身体健康的影响。

长期而言，暴露于空气污染中可能对身体健康的影响更大。对空气污染长期影响的研究面临新的实证挑战和数据困难，要找到关于长期环境污染的外生变量，实证中要考虑面临空气污染时居民可能采取的迁移决策导致的选择性偏差。此外，找到空气质量和身体健康的长期数据也比较困难。比较有代表性的是

Chen 等（2013）和 Ebensteina 等（2017）利用淮河供暖为长期暴露于空气污染的影响提供了实证检验。一方面，淮河以北燃煤供暖会恶化当地的空气，而淮河以南却没有燃煤供暖，淮河南北在其他变量上没有显著差异，因此，淮河可以作为一个地理上的断点，检验淮河以北燃煤供暖导致的空气污染对居民健康的影响；另一方面，由于中国的户口制度，2000 年以前居民迁移的概率较低，这也排除了由于居民迁移可能导致的选择性偏差。Chen 等（2013）和 Ebensteina 等（2017）的研究虽然使用了不同时期的数据，但都发现了长期暴露于空气污染对健康的负面影响。Ebensteina 等（2017）发现冬季供暖使淮河以北 PM10 在 2004~2012 年增加了 46%，导致当地居民的平均寿命减少 3.4 年。

2. 空气污染对精神健康的影响

医学和心理学早已发现空气污染会损害大脑功能和神经系统，引起抑郁和焦虑，且伤害多集中于儿童、老年人、慢性病患者等易感人群（Sørensen et al.，2003；吕小康和王丛，2017）。环境经济学领域的学者更倾向采用统计研究对空气污染的影响进行实证（Chen et al.，2018；Xue et al.，2019；Zheng et al.，2019；董夏燕和何庆红，2019；李卫兵和邹萍，2019）。Chen 等（2018）基于 CFPS 中国居民家庭调查数据中 2014~2015 年 12615 名城市居民，发现空气污染对精神疾病有显著影响。过去一个月 PM2.5 平均浓度每增加 1 个标准差，患有严重精神疾病的概率就会增加 6.67%或 0.33 个标准差。董夏燕和何庆红（2019）基于 CHARLS 数据和各地级市主要空气污染物浓度数据，发现 PM2.5 和 PM10 会增加中老年人的抑郁，这种效应主要来自社会经济地位较低、女性和 45~64 岁的中老年人。李卫兵和邹萍（2019）利用 2010 年和 2014 年的 CFPS 数据，基于中国北方冬季集中供暖政策构造自然实验，实证发现空气污染对居民的心理健康有显著的负面影响，且对于省会城市居民、受教育程度较低人群以及女性居民这种负面影响程度更大。Zheng 等（2019）基于新浪微博数据构建了一个幸福指数，发现空气质量指数或 PM2.5 与幸福指数呈负相关。具体而言，PM2.5 平均每增加 1 个标准差，幸福指数就会减少 0.043 个或 0.046 个标准差；周末、节假日和极端天气条件下，人们会遭受更多的痛苦；女性表达的幸福感以及环境最好和环境最差城市的居民对空气污染更敏感。

空气污染还会影响人们的认知。Zhang 等（2018）研究发现，长期暴露在空气污染中会妨碍语言和数学测试中的认知表现。随着居民年龄的增长，空气污染对其语言功能的影响越来越明显，且在男性和受教育程度较低的人中这种影响更大。考虑到认知功能对于老年人处理日常事务和做出高风险决策至关重要，空气污染对老年人大脑造成的损害可能会产生非常大的健康和经济成本。Lai 等（2022）利用秸秆焚烧研究空气污染对认知能力的影响，发现上风向燃烧秸秆产生的 PM2.5 排放对 55 岁及以上人群的认知功能有负向影响，而下风向却并没有显著影响。Graff Zivin 等（2020）同样利用秸秆焚烧研究了空气污染对高中学生高考成绩的影响。发现秸秆焚烧导致的空气污染使上风向和下风向的空气污染不同，导致这些地区之间学生高考成绩呈现显著差异。

空气污染影响人们的心理和认知，并进一步影响到行为决策。Chew 等（2021）发现空气污染对人们决策有显著影响，包括风险厌恶情绪的增加、对损失的风险容忍和对收益的模糊厌恶等。Chang 等（2018）发现日常空气污染水平对购买或取消健康保险的决定有显著影响。空气污染水平每增加 1 个标准差，当天售出的保险合同数量就会增加 7.2%；冷静期间的空气污染比订单日期水平减少 1 个标准差，且将增加 4%的退货概率。袁成和刘舒亭（2020）利用 2006～2018 年省际面板数据，研究发现空气污染影响居民的商业健康保险消费，这种影响有一定的滞后性，对当期的商业健康保险消费则有抑制作用。Li 等（2021）发现空气污染会导致金融市场中更严重的认知偏差，投资者有更强的处置效应，即投资者更倾向持有已贬值资产而卖出升值资产。Liu 等（2020）发现投资分析师访问企业现场时空气污染与随后的盈利预测之间呈负相关，这种影响只是在访问后几周内的预测中显著，表明空气污染影响投资分析师的情绪，进而影响其对企业未来盈利的判断。赵玉杰等（2020）基于三所高校进行丢钱包的准实验，发现空气污染和诚信行为显著相关，空气污染越严重，越有可能做出非诚信行为。Herrnstadt 等（2021）及李卫兵和张凯霞（2021）发现空气污染会影响犯罪行为，空气污染会导致地区更高的犯罪率。

3. 空气污染对企业生产率的影响

除居民外，企业也会受到空气污染的影响。这主要源于企业需要劳动投入，而空气污染会影响工人的身体健康、认知和精神状况，进而影响到工人的工作效率和企业生产率。现有文献利用各种数据从实证方面讨论空气污染对工人和企业生产率的影响。

魏下海等（2017）采用中国足球超级联赛比赛数据，以球员在比赛过程传球次数代表球员的生产率，发现空气污染会显著降低球员的传球次数。He 等（2019）基于中国两个纺织工厂每日的 PM2.5 和工人的产出数据，发现短期中当日的 PM2.5 与工人产出之间没有统计上显著的关系，但长期暴露于高污染环境中对工人产出有一定影响，持续 25 天以上的 PM2.5 增加 10 微克/立方米的显著变化会使日产量减少 1%。陈帅和张丹丹（2020）利用监狱服刑人员计件工资数据分析空气污染对劳动生产率的影响，利用逆温现象处理空气污染的内生性问题。发现空气污染指数（Air Pollution Index，API）每增加 10 个单位，会使服刑人员的计件工资减少 4%。空气污染不仅影响制造业部门，同样也会影响服务业部门。Chang 等（2019）以两个呼叫中心为研究对象分析了污染对工人生产率的影响，发现空气污染水平越高，工人的生产率就越低。Kahn 和 Li（2020）研究了空气污染对高技能人群工作效率的影响，利用中国法官工作效率的数据，证明当地的空气污染也降低了在室内工作的高技能政府官员的工作效率。尽管制造业和服务业部门工作类型不同，以及不同人群工作中要求的技能不同，实证研究却发现空气污染对不同部门和不同类型技能工作都有影响。

相对于以上文献讨论的是特定部门或特定工作类型，李卫兵和张凯霞（2019）利用秦岭—淮河分界线南北冬季供暖政策差异考察空气污染对企业生产率的影响，发现 PM2.5 每上升 1%，企业生产率会下降 0.692%。Fu 等（2021）研究了空气污染对整个制造业行业的影响。基于 1998~2007 年中国制造业企业数据，以逆温作为工具变量，实证发现 PM2.5 每减少 1 微克/立方米，生产率提高 0.82%（弹性为-0.44），模拟测算 PM2.5 在全国范围内下降 1%，会使国内生产总值增加 0.039%。Fu 等（2021）得到的结果相比 He 等（2019）和 Chang 等（2019）的效应要大得多。

4. 环境污染的其他影响

污染不仅影响地区本身，也会产生溢出效应。Jia 和 Ku（2019）研究中国空气污染溢出对韩国的影响，发现在暴露于亚洲沙尘的条件下，中国污染的增加导致韩国地区呼吸道和心血管疾病的死亡率增加，其中最脆弱的是老年人和 5 岁以下的儿童。Cheung 等（2020）发现中国大陆地区空气污染导致香港地区更高的呼吸系统相关疾病死亡率，得益于医疗体系的改善，这种空气污染的影响在不断减弱。

限于污染数据可得性，大部分文献研究空气污染的影响，但也有一些研究讨论的水污染的影响（Ebenstein，2012；He and Perloff，2016；Zhang and Xu，2016；王兵和聂欣，2016）。Ebenstein（2012）研究了中国各河流流域水污染的变化，估计发现水质每恶化一级（按六级划分），消化系统癌症的死亡率就会增

加9.7%。其测算发现，如果将中国的污水排放税提高一倍并且每年额外投入5亿美元用于污水处理，每年可以挽救大约1.7万人的生命。Lai（2017）研究发现水稻农药通过饮用水对居民健康产生不利影响，对65岁及以上的农村居民来说，每增加10%的水稻农药使用量，其主要医疗残疾指数就会下降1%。Zhang（2012）调查了中国农村重大水质改善项目对成人和儿童健康的影响，水厂引入村级供水可以使成人发病率下降11%，体重身高比增加0.835千克/米，儿童体重身高比和身高分别增加0.446千克/米和0.962厘米。王兵和聂欣（2016）基于城市污水排放与个人健康状况调查数据，研究发现污水排放会提高农村中老年群体患消化道疾病概率，降低自评健康水平，且对经济条件较差、教育程度较低居民的影响更大。

面对严重环境污染，居民还可能采取一些规避行为，包括迁移、防护措施等（Sun et al.，2017；Zhang and Mu，2018；Barwick et al.，2018；Sun et al.，2019；孙伟增等，2019）。Sun等（2017）、Zhang和Mu（2018）发现空气质量下降时居民会购买更多的口罩和空气净化器。Chen等（2018）、Liu和Salvo（2018）发现空气污染增加了学校中学生的上课缺勤率。Zhang和Mu（2018）发现空气质量指数（AQI）上升100点，口罩的消费量增加54.5%，抗PM2.5口罩的消费量增加70.6%。Barwick等（2018）发现PM2.5上升会与居民医疗保健支出呈正相关，但与超市等公共场所活动呈负相关，这意味着面对空气污染居民会采取防护措施。居民还可以采取迁移来规避空气污染的影响。孙伟增等（2019）利用2011~2015年中国流动人口动态监测调查数据，考察空气污染对流动人口就业选址的影响。发现PM2.5每上升1微克/立方米导致流动人口到该城市就业的概率下降0.39%，且对年龄越大、受教育水平越高、男性、已婚已育、非农业户口的影响更大。罗勇根等（2019）利用专利发明数据，实证发现空气污染会影响人力资本流动，发明人更可能向空气质量较好的城市迁移。Chen等（2020）和Cui等（2019）发现居民会向空气质量更好的城市迁移来规避空气污染，Chen等（2022）发现空气污染增加10%，就能够通过净外迁减少某一县约2.8%的人口。这种防护和规避行为也可能导致新的不公平，考虑到低收入人群相对于高收入人群缺乏有效的防护信息、防护措施和医疗保健条件，环境污染可能对低收入阶层的影响更大（He et al.，2020；Fan et al.，2020）。

一些研究想要衡量人们对环境的支付意愿，将环境改善的好处货币化（陈永伟和陈立中，2012；Freeman et al.，2019；Ito and Zhang，2020）。杨继东和章逸然（2014）利用幸福感数据研究发现，居民每年为二氧化氮浓度下降 1 微克/立方米支付意愿为 1144 元，显著低于西方发达国家，且对低收入群体、男性和农村居民的影响更大。陈永伟和史宇鹏（2013）利用特征价格法测算空气质量改善的经济价值，发现 PM10、二氧化硫和二氧化氮浓度减少 1 微克/立方米对消费者而言经济价值分别为 343.602 元、45.197 元和 232.443 元，还发现相较于他人，空气质量的改善对环保主义者、健康条件欠佳者和收入较高的居民经济价值更大。Freeman 等（2019）考虑了中国居民迁移负效用的居民选址模型来估计中国清洁空气的隐含价值，估计在 2005 年 PM2.5 浓度每下降 1 个单位，空气质量改善对所有中国家庭的经济价值高达 88.3 亿美元。Ito 和 Zhang（2020）利用中国空气净化器销售数据，发现一个家庭愿意每年支付 1.34 美元来消除 1.5 克/立方米的空气污染（PM10）。由于人们对清洁空气的边际支付意愿随着收入水平上升而增加，以及人们获得污染信息的不完全和对污染影响的认知不足（Tu et al.，2020），该数据目前可能只是一个下限。

二、环境政策的类别

环境资源具有外部性，会产生市场失灵，不能依靠私人和市场实现最优的资源配置。为了控制环境污染改善环境质量，政府一般会进行环境规制。通过法律法规、税收政策、设定排放标准、环境监管等多种方式对污染行为进行规制，不同环境政策的作用和适用范围不同（郑石明，2019；Popp，2019；Karplus et al.，2021）。中国自 1983 年全国第二次环境保护会议将环境保护作为基本国策，便制定了一系列环境保护的法律法规，为环境保护政策的制定和执行提供了法律基础。之后陆续实行排污税费的征收、排放标准的制定，以及近年来实现了碳排放交易体系，这些环境政策为打赢污染防治攻坚战提供了有效的政策工具。Karplus 等（2021）将中国的环境政策划分为法律标准、规划过程和执行机制三类。本书将环境政策分为四类：法律法规和标准、环境规划、政策措施、监督检查机制。

1. 法律法规和标准

环境立法为政府制定和执行环境规制提供了法律基础，全国人民代表大会进行立法，并交由主要监管机构生态环境部负责编纂和实施。此外，中国还制定了一套广泛而复杂的环境标准。1989 年第七届全国人民代表大会常务委员会第十一次会议正式通过《中华人民共和国环境保护法》（以下简称《环境保护法》），并于 2014 年进行了修订。修订后的《中华人民共和国环境保护法》更加完善和

严格，引入了停产、行政拘留和刑事指控等处罚措施，取消对环境违规者的罚款上限，以解决执法这个中国环境规制不力的根本原因。中国也制定了多部针对特定污染物的法律，包括《中华人民共和国大气污染防治法》《中华人民共和国水污染防治法》《中华人民共和国噪声污染防治法》《中华人民共和国放射性污染防治法》《中华人民共和国环境影响评价法》《中华人民共和国清洁生产促进法》等。这些法律只是确定一般性的原则，实施细节则由生态环境部等具体执行部门负责。通常环保部门会设定环保标准来规制企业的污染排放行为。1973 年中国制定了第一部综合性环境资源标准——《工业“三废”排放试行标准》，对工业污染源排出的废气、废水和废渣的容许排放量、排放浓度等所作的规定，总则部分要求各地区根据本标准原则制定地区性工业“三废”排放标准。随着时间的推移，这些环境保护标准有越来越严格和细化的趋势。除国家制定的法律法规和标准外，地方政府也根据本地经济社会发展情况，制定地方性的环境保护相关法律法规和标准。

2. 环境规划

不同于发达国家，中国的环境政策不仅包括以上常见的规制措施，地方政府的发展规划也在其中起着重要作用。随着中国经济增长和环境恶化，政府的发展方向逐步由以经济建设为中心转向经济和环境兼顾。中央和地方政府在制定中长期发展规划时，一个比较有代表性的是“五年计划或规划”。自从环境保护成为基本国策，历次“五年计划或规划”都有环境保护方面的发展目标。比较有代表性的是“十五”计划和“十一五”规划，“十五”计划（2001~2005 年）对主要污染物排放进行了限制，但由于缺乏有效的执行约束，导致最终减排目标没有实现（Kahn et al.，2015；金晓雨，2018a）。吸取“十五”计划的经验教训，“十一五”规划（2006~2010 年）设定了主要污染物（二氧化硫和化学需氧量）的减排目标，进一步将减排目标分解到各省份。环境规划目标的实现离不开地方政府的落实。为了督促各省份实现中央制定的减排目标，环保部门会对各省份进行中期检查和期末考核，没有实现减排目标省份的主要官员将受到调离职位和职业发展方面的影响（Shi and Xu，2018；Wang et al.，2018；Wu et al.，2018）。出于政治激励，地方政府会实行严格的环境规制，最终所有省份都实现了减排目标。

考虑到“五年规划”的时间较长，政府为了增加环境规制的灵活性，也会执行行动计划，以应对临时出现的问题或者需要调整的环境目标。例如，2013 年的《大气污染防治行动计划》集中了 10 项关键措施治理空气污染；2015 年的

《水污染防治行动计划》重点整治了7条重点河流、9个重点沿海海湾、3个重点区域、36个重点城市。行动计划是中央政府发布的指令要求改变环境目标、标准和污染设施。行动计划是针对污染物、区域或行业而制订的，与“五年规划”进程密切相关，但未必会与之同步。还有一些针对特定区域的政策，比如1998年实行的“两控区”政策，为了应对环境污染，将部分地区划分为酸雨控制区和二氧化硫污染控制区。对“两控区”实现更严格的环境规制，该政策一直持续到2010年（Hering and Poncet，2014；Tanaka，2015；盛丹和张国峰，2019）。“两控区”涵盖了27个省份的175个城市，占1995年约40.6%的人口、62.4%的GDP和58.9%的二氧化硫排放（Hao et al.，2001）。“九五”计划期间（1996~2000年），中国实行的“三河三湖”（即淮河、海河、辽河和太湖、巢湖、滇池）水污染防治政策。这些水域覆盖81万平方千米国土，影响14个省份的3.6亿名居民。尽管中央对这些地区实行了严格的环境规制，但效果却并不明显（Wang et al.，2018）。

3. 政策措施

环境目标的实现除需要法律和计划外，更需要有效的执行。环保部门为了执行环境目标，可以采取排放许可、排污费、排放交易系统等多种方式对污染排放进行控制。排放许可制度成立于1989年，是为了限制获准排放企业的排放类型和数量。排放许可制度早期并没有有效执行，直到2014年，排放许可制度开始在对固定污染源（如炼油厂、发电厂、工业设施）的监管中发挥关键作用。2016年，国务院发布了《控制污染物排放许可制实施方案》及实施路线图。允许排放水平由污染物浓度限值、水和空气排放基准以及生产规模决定。污染企业被要求进行自我监测和公开披露其排放，地方政府授权第三方机构审计企业的排放记录，并进行随机检查，以核实和强制执行排放许可制度。

排污费是解决环境外部性、控制污染排放的主要方式。排污费的概念首次出现是在《中华人民共和国环境保护法》（以下简称《环境保护法》）中，但直到1992年，与工业燃煤有关的二氧化硫排放费才正式施行，2003年以后其他污染物的排放费才开始施行。早期排污费并没有起到很大作用，这是由于：①费用主要适用于超过标准的排放，而且通常设置为低于减少排放的边际成本，因此对企业减少排放没有足够的激励；②公司只对部分污染物的超标付费，2003年以前是一种，而2003年以后是三种，且公司的支付额通常是有上限的；③地方政府为了地方经济发展而保护当地的污染产业，执法不力；④这些费用通常是地方环

保局的收入来源，而不是将排放的边际损害内部化的手段，这意味着执行中通常是讨价还价的结果而不是以减少环境外部性为目标（Karplus et al.，2021）。为了解决这些问题，2018 年《环境保护法》修订后以环境税取代排污费，企业现在需要对任何量的排放纳税（不管是否超标），且取消了支付上限。

与排污费相对应的是补贴政策，排污费或环境税是通过增加排放的成本激励企业减少污染排放，而对清洁技术和能源的补贴则是通过增加企业的收益激励企业和个人采取更清洁的技术及能源减少污染排放。比如，对购买、安装和使用低排放技术进行补贴；对满足二氧化硫、氮氧化合物和颗粒物标准的发电厂可以以高于基准电价的价格出售电力；为了实施“空气十号”（2013~2017 年），我国在京津冀地区为燃料从煤炭转向天然气或电力提供补贴；对生产新能源汽车的企业和购买新能源汽车的消费者进行补贴等。通过补贴政策改变不同企业的成本收益结构，纠正环境污染的外部性问题，让清洁生产企业更有竞争力，高排放企业退出市场，实现环境保护的目的。

排放交易系统是一种控制总量排放的措施。中国早期也试行过其他污染物的排污权交易，但真正有影响的是碳排放交易。中国参与碳排放交易历程可划分为三个阶段：第一阶段，2002~2012 年，主要是参与国际 CDM 项目；第二阶段，2013~2020 年，在北京、上海、天津、重庆、湖北、广东、深圳、福建八省市开展碳排放权交易试点；第三阶段，从 2021 年开始建立全国性的碳交易市场。2021 年 7 月 16 日，全国碳交易市场在北京、上海、武汉三地同时开市，第一批交易正式开启。从交易机制看，全国碳排放交易所仍采用和各区域试点一样以配额交易为主导、以核证自愿减排量为补充的双轨体系。从交易主体看，全国交易系统在上线初期仅囊括电力行业的 2225 家企业，这些企业之间相互对结余的碳配额进行交易。与欧盟等相对成熟的市场相比，中国碳交易市场刚刚起步，总体呈现行业覆盖较为单一、市场活跃度较低和价格调整机制不完善等特征。

4. 监督检查机制

环境监督检查是落实环境政策的重要部分。地方政府出于发展经济的目的，往往选择牺牲环境，对环境保护缺乏动机。尽管地方环境保护部门都有相应的检查机制，但自我检查往往效果不佳。中国从 2002 年开展环境检查，以核实地方落实中央环保要求的工作情况。建立了 6 个区域督察中心（2017 年更名为区域督察局），最初直接向生态环境部（前身为环保部、环保总局）报告。区域督察中心对污染企业进行检查，但它们没有执行环境法规的权力，因为它们未被授权调查和惩罚地方官员。2015 年年底，中央政府推出了一项修订后的制度——中央环境保护督察，中央环境保护督察要求党和行政部门官员对遵守环境法规承担同等责任（刘张立和吴建南，2019；王岭等，2019；孙晓华等，2022；毛奕欢等，2022）。巡视组走访了中国的每个省份，对污染企业进行抽查，并设立热线和邮箱收集公民投诉。截至 2022 年年中，第二轮中央环境保护督察正在巡察中。

除政府环保部门监督检查外，公众也会对地方政府的环保行为进行非正式监管。这种非正式监管要求公众掌握关于环境状况的信息。2014 年修订的《环境保护法》增加了信息公开和公众参与的新章节，要求中央和地方政府定期向公众公开空气质量、水质量、重点污染源排放、污染事故和环境执法等信息，还要求主要公司披露有关污染物排放的详细信息。早期的环境信息主要由地方政府提供，这也导致地方政府有伪造环境信息的动机，一些研究发现地方政府报告会刻意报告好于实际情况的空气质量数据（Andrews，2008；Chen et al.，2012；Ghanem and Zhang，2014）。随着环境监管和技术条件的改善，这些问题得到一定程度的缓解。尤其是在 2013 年后中国在各地设立了大量空气质量监测站点，实时的污染数据直接上报中央并向公众公开，使公众获得的污染信息更加准确。这种准确和实时的信息公开，增强了人们的环境保护意识和对污染排放监管的公众参与度（Barwick et al.，2019），有利于解决环境保护中的中央—地方委托代理问题（Greenstone et al.，2022）。新闻媒体也变得越来越多积极报道重大污染事件，媒体的报道也有利于唤醒人们对环境的保护意识（Tu et al.，2020）。

三、环境政策的影响

1. 环境政策与污染排放

环境政策与污染排放关系的实证研究存在一些识别困难。首先，环境政策很可能是内生的，这会导致估计结果的有偏和不一致；其次，关于污染排放的数据有限，且这些数据是地方政府自己报告的，可能失真。关于环境税（排污费）和排放标准的研究中，Dasgupta 等（2001）在对镇江市的一项研究中，利用 1993~1997 年企业数据估计排污费和执法情况对企业的废气和废水排放的影响。他们发现，与排污费相比，检查对工业污染者的环境绩效有更大的影响。Wang 和 Wheeler（2005）利用中国 3000 个企业的数据，将工厂的征税率和排放量设定为由地方和国家执法因素、减排成本、规制者与管理者谈判共同决定，估计一个内生执法的计量经济模型。他们发现累计排污费与有限的罚款上诉渠道相结合，

可产生强大的威胁效果。Karplus 等（2018）研究了排放标准变更对企业污染排放的影响，通过对比燃煤电厂连续排放监测系统最新获得的数据和卫星测量数据，评估中国新空气污染标准对二氧化硫排放的影响。他们发现在 2014 年 7 月实施更严格的排放标准最后期限之后，连续排放监测系统报告的二氧化硫浓度下降了 13.9%。Lin（2013）研究了环境主管部门对企业征收排污费进行的检查的反映，发现检查增加了 3.45%的自我报告的污染，指出中国环境部门的检查对于核实工厂自报污染有效，但对于减少污染却无效。郑石明（2019）研究发现环境污染治理投资规模、"三同时"制度、排污费制度、环境信访制度等环境政策整体上都能够在一定程度起到改善环境质量的作用，不同类型环境政策工具的作用存在差异。李强和王琰（2020）利用河长制与环保约谈数据，研究发现环境分权和河长制对减少环境污染都具有显著作用。

另一些文献研究政策规划和计划对污染排放的影响。Hao 等（2001）指出"两控区"政策在减少污染方面是有效的，将二氧化硫从 1995 年的 2367 万吨减少到 2000 年的 1995 万吨，超过 2 类标准的省份比例从 1995 年的 54%下降到 2000 年的 20.7%。效率较低、煤耗高、污染物排放多的小型火电厂被积极关停，减少原煤消耗和二氧化硫排放。Tanaka（2015）研究了"两控区"政策对婴儿死亡率的影响，发现"两控区"城市的婴儿死亡率下降了 20%，并且主要出现在新生儿时期。Tanaka 指出其中的病理机制，"两控区"政策增加了环境规制，减少了当地的污染排放，从而降低了婴儿死亡率。这些政策的有效性也依赖于对官员的激励（Zheng et al.，2014；Chen et al.，2018）。Chen 等（2018）指出将二氧化硫排放纳入"两控区"地方官员的业绩考核，实现了污染物排放下降和 GDP 增长的双赢。沈坤荣和金刚（2018）基于国控监测点水污染数据和河长制数据，识别河长制在地方实践过程中的政策效应。发现河长制达到了初步水污染治理效果，但河长制并未显著降低水中深度污染物，这意味着地方政府可能存在治标不治本的粉饰性治污行为。Liang 和 Langbein（2015）研究发现"十一五"规划减少了空气污染，但并没有减少水污染。与之相反，Chen 等（2018）利用长江流域水质变化数据，发现"十一五"期间中央对地方设定的化学需氧量（Chemical Oxygen Demand，COD）减排指标，有利于减少污染密集型活动。监管力度每增加 0.1 个标准差，水污染行业总产值就会比 2005 年的平均值减少 4%~5%。上游城市的环保法规要宽松得多，吸引了更多的水污染活动，导致污染生产向河流的上游转移。Ma 等（2019）利用卫星遥感数据估计得到的 PM2.5 数据，分析指出“国十条”发布后每年 PM2.5 下降了 4.27 微克/立方米。Tang 等（2019）指出这种下降在很大程度上来自脱硫设备的安装和脱硫技术的采用。Wang 等（2018）评估了“三河三湖”政策的影响，发现该政策既没有减少 COD 排放也没有影响企业生产率。他们指出“三河三湖”政策失效的原因是执行不力，只是关闭了一些小企业，但对真正高排放的大企业却并没有进行严格的规制。

2. 环境政策与企业创新和生产率

环境和企业竞争力的研究，主要是对波特假说进行理论解释和实证检验（Porter，1991；Porter and van der Linde，1995）。早期学界和政策部门普遍认为环境政策会增加企业负担，对企业不利。Porter（1991）提出不同观点，认为环境规制并不一定对企业不利，有效的环境政策也可能增加企业竞争力。Jaffe 和 Palmer（1997）将波特假说分为三种：第一，狭义波特假说，指特定类型的环境政策能够激励创新。第二，弱波特假说，指环境规制会激励某种类型的创新。因为环境规制会改变企业利润最大化的约束，导致企业选择某种创新。第三，强波特假说，指环境规制可以激励企业研发和技术创新。没有环境规制时，企业没有实现最优的产品和生产工艺，而环境规制可以让企业拓展思路，寻找新的符合规制的产品和生产工艺并提升企业利润。强波特假说意味着环境规制不仅可以实现解决环境问题，还可以促进创新，实现环境和经济的双赢。

早期关于环境政策对企业研发和生产率影响的实证研究中，采用的环境政策概念较为宽泛，多以环境相关支出作为环境规制力度的代理变化。Jaffe 和 Palmer（1997）针对美国的研究发现，环境规制会增加企业的研发投入，但是并没有增加研发产出（以专利申请量衡量），此外还指出企业很可能是投入研发为了遵从环境规制，但并没有带来研发和创新成果。Hamamoto（2006）对日本的研究发现，以污染控制支出表示环境规制力度，发现环境规制增加了研发支出，并且这种研发支出有利于提升全要素生产率。Albrizio 等（2017）利用经济合作与发展组织（Organization for Economic Co-operation and Development，OECD）国家的数据，利用市场化和非市场环境政策工具构造 EPS 指数作为环境规制，在产业和企业层面上研究环境规制对生产率的影响。发现在产业层面上，环境规制有助于生产率提升，并且边际上随着与前沿距离增加效果递减；而在企业层面上，生产率得到提升的企业占比更小，认为这是由于低生产率企业退出导致产业层面上生产率的提升。Milani（2017）指出面对环境政策时，企业可以选择迁移也可以选择创新来减少环境规制的影响。利用 2000~2007 年 OECD 国家的数据，实证发现相

对污染较少的行业，环境规制对污染较多的行业的创新影响更大。这意味着面对严格的环境规制时进行创新是替代搬迁的一种选择。

关于中国环境政策对研发和生产率的研究中，多数研究指向环境政策是有利于研发和提升生产率的（Yang et al.，2012；蒋为，2015；孙学敏和王杰，2016；王班班，2017）。Yang 等（2012）基于 1997～2003 年中国台湾的行业数据，用污染治理费作为环境规制变量，实证发现更严格的环境规制增加了研发支出，且环境规制引致的研发支出有利于提高生产率。蒋伏心等（2013）指出环境规制不仅对企业创新产生直接影响，还会通过 FDI、企业规模、人力资本水平等因素对创新产生间接影响。原毅军和刘柳（2013）将环境政策分为"费用型"和"投资型"，利用 2004～2010 年中国省级面板数据进行实证检验，发现费用型环境规制对经济增长无显著影响，而投资型环境规制显著促进经济增长。王杰和刘斌（2014）利用 1998～2011 年中国工业企业数据实证发现，环境规制和创新之间呈倒"N"形关系。环境规制强度较弱时，企业技术创新和生产率降低；环境规制提高到能够促进企业技术创新时，会促进企业生产率的提高；环境规制强度超过企业所能承受负担时，全要素生产率又会下降。

相对于宽泛的环境政策概念，另一些文献针对特定环境政策进行研究（Greenstone et al.，2012；涂正革和谌仁俊，2015；徐彦坤和祁毓，2017；任胜钢等，2019）。Johnstone 等（2010）以再生能源政策为例，考察环境政策对企业创新的影响。利用 25 个国家组成的小组在 1978～2003 年的专利数据，发现不同类型的政策工具对不同的可再生能源有效。具有广泛基础的政策，如能源交易许可，有利于诱导与化石燃料技术形成竞争的创新；而更有针对性的补贴政策，如上网电价，有利于诱导太阳能等成本更高的能源技术创新。李树和陈刚（2013）利用 2000 年中国对《中华人民共和国大气污染防治法》修订的自然实验，研究发现《中华人民共和国大气污染防治法》修订显著提高了空气污染密集型工业行业的全要素生产率。涂正革和谌仁俊（2015）研究排污权交易的波特效应，实证发现排污权交易虽然在一定程度上可以缓解二氧化硫排污权配置中的无效率问题，但是没有产生波特效应。盛丹和张国峰（2019）利用"两控区"政策评估环境政策对企业生产率的影响，发现"两控区"内企业生产率增长显著低于"非两控区"，意味着"两控区"政策增加了企业成本，不利于生产率增长。Wang 等（2018）研究"三河三湖"政策对企业生产率的影响，发现"三河三湖"政策对企业生产率的影响非常小，这主要是由于该政策并没有有力执行，导致对企业的规制力不足。He 等（2020）利用中国水质监测系统中隐含的空间断点回归设计来估计环境政策对企业生产率的影响。由于水质数据对政治评估很重要，而监测站只收集上游地区的排放，地方政府官员有动力对监测站的上游企业执行更严格的环境标准。He 等（2020）实证发现与下游企业相比，上游企业面临超过 24%的全要素生产率下降和超过 57%的化学需氧量排放下降。进一步估算环境政策的成本收益，得出中国在 2000~2007 年的水监管努力下造成了 8000 多亿元人民币的经济损失。

3. 环境政策与污染转移

当环境政策增加企业的负担时，企业除了通过自身研发来提升生产率，还可以“用脚投票”，选择迁移到环境规制相对较弱的地区来规避本地严格的环境政策。通常发达国家环境规制较为严格，发展中国家环境规制相对较弱，因此发达国家的污染产业会向发展中国家转移，这也被称为“污染避难所”或“污染天堂”假说。大量文献对“污染避难所”假说进行检验，然而由于采用的数据和方法不同，并没有得到一致的结论（Keller and Levinson，2002；Kellenberg，2009；Zheng and Shi，2017；王柏杰和周斌，2018；刘叶等，2022）。

对于国家之间的“污染避难所”假说的实证检验，多是通过考察环境规制对外商直接投资（Foreign Direct Investment，FDI）的影响。Keller 和 Levinson（2002）利用美国数据，研究发现环境规制会影响美国各州的外商直接投资，结论支持“污染避难所”假说。朱平芳等（2011）指出地方环境规制对 FDI 的影响平均而言不显著，但不同分位点存在差异。刘朝等（2014）发现环境规制和 FDI 之间存在互动效应，环境规制会阻碍外商直接投资，而外商直接投资也会增加当地的环境规制力度。霍伟东等（2019）指出在经济发展初期，外商直接投资会加剧环境污染，但在经济转型时期，外商直接投资会降低环境污染。Wang 等（2019）利用中国 2011~2015 年企业数据研究，并没有发现“污染避难所”效应。刘叶等（2022）研究发现环境规制会阻碍 FDI 进入，进一步利用中介效应模型发现，短期环境规制不仅直接抑制 FDI 企业进入，而且还会通过迫使企业加大污染治理投资而间接阻止 FDI 企业进入。但长期环境规制对 FDI 企业进入没有显著的影响。Cai 等（2018）以“一带一路”建设为例，对“污染避难所”效应进行综合分析。研究结果显示，中国已经成为 22 个发达国家的“污染避难所”，19 个发展中国家已经成为中国的“污染避难所”。

“污染避难所”不仅存在于国家之间，在一国内部也会存在污染转移（Cai

et al.，2016；Chen et al.，2018；Li et al.，2021；何龙斌，2013；沈坤荣等，2017；金晓雨，2018a)。Cai 等（2016）研究“十五”期间中央制定减少污染排放计划对污染企业分布的影响，采用 DDD 方法对 1998~2008 年中国 24 条主要河流沿线县域产业活动数据进行了分析。他们发现 2001 年以来，一个省内部最下游县的水污染活动比其他相同的县多 20%，此外，在最下游的县域，排污收费的执行力度也更宽松。Chen 等（2018）对水污染进行研究，也发现相对于环境政策更严格的地方（下游城市），环境政策不那么严格的地方（上游城市）吸引了更多的水污染活动。Li 等（2021）利用中国企业数据，发现企业迁移概率随着环境规制力度增加而增加，证实了环境规制的“污染避难所”效应。魏玮和毕超（2011）利用 2004~2008 年转移产业中新建企业数据，发现中国存在区域间的“污染避难所”效应，且环境规制对重污染行业的影响要大于轻污染行业。侯伟丽等（2013）利用 1996~2010 年省级层面数据，同样证实了中国省际“污染避难所”效应存在。周浩和郑越（2015）考察环境规制对新建企业选址的影响，发现环境规制对新建企业的迁入有显著影响，放松环境规制会增加污染密集型企业的迁入。张彩云等（2018）同样考察环境政策对企业选址的影响，发现环境规制和企业选址呈“N”形影响关系。污染企业的就近转移不仅要考虑环境规制，还需要考虑迁移成本。沈坤荣等（2017）利用中国工业企业数据发现环境规制会引起污染就近转移，污染的就近转移效应在 150 千米达到峰值。这意味着污染企业更倾向迁移到原址附近的地区。

4. 环境政策的其他影响

随着私家车拥有量增加，汽车尾气排放成为城市空气污染的重要影响因素，为此中国的很多大城市都采取了汽车限行政策。一些研究发现限行政策对空气质量有显著影响。Viard 和 Fu（2015）利用北京交通限行政策研究限行导致的空气质量和劳动力供应，发现在每周限行一天的政策下空气污染下降了 21%，根据每小时的电视收视率数据发现，在限行期间有自由支配工作时间的工人的收视率增加了 9%~17%，但没有限制的工人的收视率不受影响，这与限行的每日通勤成本增加减少了每天的劳动力供应相一致。曹静等（2014）利用 2008 年奥运会之后北京的限行政策，发现限行对空气质量的影响很小。Li 等（2022）利用西安的数据，发现交通限行增加了汽车通行速度，减少了碳排放。这些研究都是针对某一特定城市进行的研究，孙传旺和徐淑华（2021）则使用了全国不同城市的限行政策，研究了不同限行政策对空气污染的影响，同样发现限行有助于改善空气质量。

Hering 和 Poncet（2014）研究了“两控区”政策对出口的影响，构建三重差分方法实证发现属于“两控区”内的城市出口出现下降，且行业的污染密集度越高，行业出口下降越大。进一步发现，这种出口下降主要是私营企业推动的，国有企业受到的影响不大，意味着国有企业在环境规制政策中受到了一定的优待。Shi 和 Xu（2018）研究“十一五”期间中国主要污染物排放控制计划对企业出口的影响，利用三重差分方法研究发现要求二氧化硫减排比例更高的省份，在环境政策执行后污染越密集型行业的出口减少越多。这意味着严格的环境规制不利于企业的出口。Cai 等（2016）研究“两控区”政策对外商直接投资的影响，发现“两控区”政策导致控制区域内外商直接投资的减少。同时发现来自环境保护水平高于中国的外国跨国公司对环境监管的强化反应迟钝，而来自环境保护水平低于中国的跨国公司则表现出强烈的负面反应。周沂等（2022）以清洁生产标准实施为自然实验，基于 2000~2016 年中国进出口海关数据中企业—产品数据，研究环境规制对多产品出口企业的产品结构的影响。发现与未规制产品相比，规制产品被扩展的概率低 0.15%，被淘汰概率高 1.72%，规模缩减程度高 15.57%。

环境政策可能会引起地方政府的数据操纵行为。地方政府既需要发展经济，又需要保护环境，而这两者往往是矛盾的。在地方官员负责制的治理体制下，以往由于对环境目标约束不足，地方官员更倾向对其晋升更有利的经济目标而牺牲环境。如果中央对地方政府要求更严格的环境目标，那么地方政府对环境保护会赋予更高的权重（Zheng et al.，2014；Chen et al.，2018）。但也可能会出现另一种结果，地方政府会谎报环境数据。一些研究发现，我国部分地方政府所报告的环境数据失真，存在数据操纵行为（Chen et al.，2012；Ghanem and Zhang，2014；Karplus et al.，2018）。Chen 等（2012）利用 2000~2009 年 37 个大城市的官方报告的空气质量指数 API 数据，发现中国城市为了达到空气质量标准会低报 API。Ghanem 和 Zhang（2014）及 Ghanem 等（2020）同样发现了城市报告的 PM10 存在操纵行为，并且指出这种操纵行为和地方官员的晋升激励有关。Greenstone 等（2022）将官方报告的空气质量数据和卫星遥感估算的空气质量数据对比，发现中国城市报告的 PM10 存在操纵行为，但这种操纵行为在引入自动化实时检测设备后得到极大缓解，指出技术在克服环境治理中中央—地方委托代理问题中的重要作用。地方政府的数据操纵行为不仅不利于中央对地方的环境监

管，也导致居民无法获知真实的环境质量，不利于居民采取规避环境污染的最优措施，导致了社会福利损失（Greenstone et al.，2022）。

第二节　资源错配相关研究

一、资源错配的内涵

新古典经济增长模型建立在代表性家庭和代表性企业的基础上，即偏好和生产可加总为简单的函数形式。对于生产而言，加总的生产函数通常采用的是规模报酬不变的柯布—道格拉斯生产函数，产出的增长来自要素积累和技术进步。索洛模型中，稳态增长来自外生的技术进步（Solow，1956）。新增长理论认为内生的技术进步来自企业利润最大化驱动的研发创新行为（Romer，1990；Grossman and Helpman，1991；Aghion and Howitt，1992）。这些研究假设存在代表性企业，忽略了企业异质性，这意味着企业本身的技术进步是加总生产率增长的唯一来源。

事实上，加总生产率的增长不仅可以来自企业本身的生产率增长，还可以来自不同企业之间的资源配置（Restuccia and Rogerson，2008；Hsieh and Klenow，2009）。举例来看，假设一个经济体中有两家企业，两家企业有相同的技术。其中，一家企业有政治关联，可以获得信贷补贴；而另一家企业没有政治关联，只能从非正规金融市场以高利率借款。假设两家企业为了利润最大化，都在资本的边际产量等于利润处生产，那么获得补贴信贷的企业的资本边际产量将低于只获得正规金融市场信贷企业的边际产量。这是一个明显的资本错配案例：如果资本从边际产量低的企业重新配置到边际产量高的企业，那么总产出会更高。即资本的错配导致总产出和全要素生产率较低。

资源错配的理论研究中，Restuccia 和 Rogerson（2008）及 Hsieh 和 Klenow（2009）分别建立了理论模型，讨论了资源错配的原因和机制。采用资本和劳动两种投入的柯布—道格拉斯生产函数，则资源错配来自要素市场上的资本和劳动要素价格扭曲，产品市场上的产品价格扭曲，以及市场力量等。比如，信贷市场上不同企业获取信贷的价格不同，劳动力市场上不同企业获得劳动的价格不同，以及产品市场分割导致不同企业的产品价格不同。这些价格扭曲导致不同企业的边际收益产品不同。此时，边际收益产品低的企业的要素流入边际收益产品高的企业，能够提高要素配置效率和加总的全要素生产率。除此之外，不完全竞争中企业不同的市场力量也会导致资源错配。Hsieh 和 Klenow（2009）估算，如果中国的资本和劳动的资源配置能够达到美国的水平，全要素生产率可以提高 30%～50%。这些研究讨论的是企业间的资源错配。Aoki（2012）基于类似的分析思路和方法，讨论了行业之间的资源错配。不同行业面临的要素价格存在差异，也会导致行业之间的资源错配，进而降低加总的全要素生产率。韩剑和郑秋玲（2014）对以上模型进行了拓展，同时考虑企业间资源错配和行业间资源错配。发现中国行业内资源错配程度呈现先降后升趋势，而行业间资源错配程度则持续上升，行业内和行业间错配分别带来 30.25%和 4.72%的产出缺口。相对于一些研究主要考察的是资本和劳动两种生产要素的错配，陈诗一和陈登科（2017）在资源错配框架中纳入能源要素，认为能源要素扭曲甚至在近年来超过资本的配置扭曲。

这些对资源错配的研究讨论的是在位企业之间的资源错配，没有考虑企业的市场进入退出行为。Restuccia 和 Rogerson（2017）指出加总生产率增长来自三个方面：第一是技术渠道，即企业层面的生产率增长；第二是选择渠道，市场中哪些企业会生产；第三是错配渠道，企业之间的资本和劳动配置。因此从资源错配的内涵上，选择渠道反映的是市场中企业的进入退出，也应该作为资源错配的一个方面。Brandt 等（2012）基于中国工业企业数据，讨论企业进入退出对加总生产率的贡献。测算得到中国制造业加总全要素生产率增长率为 7.96%，其中 2/3 来自净进入企业的贡献，表明创造性破坏在加总生产率增长中的重要作用。在对资源错配的测量中，一些实证文献则基于数据驱动方法对加总生产率进行分解，量化企业进入退出对加总生产率增长的贡献，并将这种企业进入退出对加总生产率的贡献作为动态的资源配置效应（聂辉华和贾瑞雪，2011；杨汝岱，2015）。Peters（2020）建立了一个动态的理论模型讨论内生的资源配置。不同于以往文献通常将市场势力作为外生变量，这里的模型中企业通过提升全要素生产率来提高市场势力，且在位企业随机被进入企业替代，市场势力的分布是内生的市场均衡结果。而创造性破坏使企业没有足够时间积累市场势力，因此具有竞争效应，有助于提升资源配置效率。

还有一些文献将资源错配的内涵进行了拓展，将企业本身的全要素生产率增长作为企业内资源配置效应。李蕾蕾和盛丹（2018）将资源配置分为企业内和企

业间，将企业内部生产过程的优化导致的企业生产率的提升作为企业内资源配置效率改善，将不同企业的全要素生产率变化、规模变化、进入退出作为企业间资源配置效率。金晓雨（2021）基于动态OP生产率分解方法，将加总全要素生产率分解为企业内资源配置和企业间资源配置，并进一步将企业间资源配置分为规模变化引起的静态资源配置和进入退出引起的动态资源配置。企业内资源配置效应来自企业对研发和生产的选择，即资源在企业内研发和生产过程之间的流动；而企业间资源配置效应来自资源在不同企业间的流动。

二、资源错配的测量

资源错配广泛存在，并会影响加总全要素生产率。那么资源错配在多大程度上影响全要素生产率，这需要对资源错配进行测量。现有文献主要采取以下几种方法测量资源错配。

1. 利用结构化数理模型

利用结构化的数理模型直接计算资源错配，要设定生产函数的具体形式，建立反事实测算没有资源错配时的生产率，将有错配和无错配之间的生产率差异作为资源错配导致的生产率损失。Restuccia 和 Rogerson（2008）通过对数理模型校准测算了美国企业层面要素价格差异引起的资源错配对加总生产率的影响，这种要素价格差异来自多个方面，可以统一理解为税收或补贴的影响。当模型中对高生产率企业征税和对低生产率企业补贴时，会降低加总全要素生产率。Hsieh 和 Klenow（2009）建立数理模型，推导出资源错配导致的全要素生产率损失，并利用微观数据进行了测算。设定不变替代弹性的效用函数，垄断竞争的产品市场和完全竞争的要素市场，资源错配来自产品市场和要素市场价格扭曲。利用该模型和微观数据估计美国、中国和印度的资源错配，发现资源错配对全要素生产率有相当大的影响。如果消除资源错配，中国制造业的全要素生产率能够增长86%~110%，印度制造业的全要素生产率能够增长100%~128%，美国制造业的全要素生产率能够增长30%~43%。可见，资源错配是不同国家全要素生产率差异的一个重要方面。

资源错配在发展中国家和发达国家都普遍存在，并且存在于不同的部门。Busso 等（2013）计算了美国和10个拉丁美洲国家制造业资源错配，发现这些国家普遍存在资源错配，资源错配是决定跨国生产率差距的重要因素。De Vries（2014）利用巴西零售业数据，发现零售业中存在严重的资源错配。Dias 等

（2016）研究了葡萄牙的制造业和服务业部门，发现相对于制造业，服务业中存在更严重的资源错配。相对于发达国家，农业在发展中国家中占有重要地位，因为发展中国家的大部分人生活在农村。Adamopoulos 等（2022）研究 1998~2002 年中国农村土地的错配，发现消除土地错配可以提高 1.86 倍的全要素生产率，其中 60%的错配来自同一个村庄内部的农场之间。

资源错配不仅存在于部门内部不同企业之间，也存在于不同部门之间。Aoki（2012）建立了一个分析不同部门之间资源错配的分析框架，这一框架以多部门均衡模型为基础，部门间的摩擦以对部门要素投入征税的形式存在。校准模型测算资源错配，发现在日本和美国的加总全要素生产率差异中，大约有 9%可以归因于资源错配。陈永伟和胡伟民（2011）测算发现中国制造业内部各子行业间的资源错配导致实际产出和潜在产出之间大约有 15%的缺口。韩剑和郑秋玲（2014）对该模型进行了扩展，同时考虑行业内和行业间的资源错配。对中国制造业部门的资源错配进行测算，发现行业内的资源错配和行业间的资源错配分别造成了 30.25%和 4.72%的潜在产出损失。陈诗一和陈登科（2017）测算资源错配时纳入能源要素，发现资源错配导致 1998~2013 年中国制造业全要素生产率平均下降 42.7%，地区间与部门间的资源错配分别占 51.6%和 48.4%。

基于结构化数理模型方法对资源错配的测算都假设了不同企业同种要素的边际收益产品差异是由于扭曲产生的资源错配，可以去除政策导致的这些扭曲而提高加总全要素生产率。然而，这种边际收益产品差异也可能是由企业生产函数异质性、调整成本和测量误差等其他因素导致的，从而高估资源错配的加总全要素生产率的贡献。具体来看：首先，企业生产函数有异质性。不同企业生产函数存在差异，现实中无法得知每个企业生产函数的信息。Hsieh 和 Klenow（2009）假设行业内部企业有相同的柯布—道格拉斯生产函数，进而有相同的资本劳动比，任何资本劳动比的差异都意味着资源错配。可是，事实上这种资本劳动比的差异也可能来自不同企业的生产函数差异。其次，调整成本的影响，大量研究发现，企业存在资本和劳动的调整成本（Cooper and Haltiwanger，2006；Bloom，2009）。不同企业面临不同的调整成本也可能导致企业间边际收益产品的不同，而不是资源错配导致的。这会高估资源错配对加总全要素生产率的影响。最后，度量误差的影响。不同企业边际收益产品的差异可能来自度量误差，而不是资源错配，高估资源错配对加总全要素生产率的影响。Bils 等（2021）使用 Hsieh 和 Klenow（2009）中同样的数据，估计发现度量误差是边际收益产品离散的一个重要因素。

近年来，一些研究试图采用更灵活的框架来避免以上问题，准确测算资源错配。Baqaee 和 Farhi（2019）构建了一个新的方法，将全要素生产率增长分为外生的技术变化和内生的资源配置效率变化。利用美国数据研究发现，资源配置效率的提高占全要素生产率增长的50%。Gollin 和 Udry（2021）提出了一个理论框架来区分测量误差、未观察到的异质性和潜在的错配。利用来自坦桑尼亚和乌干达农场的丰富面板数据，使用一种允许几种测量误差和异质性的灵活设定来估计模型，研究发现，测量误差和异质性占测量的生产率离散度的很大一部分。Bils 等（2021）提出了一种方法来区分测量误差和资源错配，发现修正测量误差后，美国的资源配置效率更高。杭静等（2021）在 Hsieh 和 Klenow（2009）的模型中引入产能利用率和企业动态行为，研究了产能利用率变化对估算资源错配的影响。发现面临更高要素价格的企业会提高产能利用率，与不考虑产能利用率的模型相比，考虑产能利用率测算的全要素生产率分布的离散分散程度更小，意味着 Hsieh 和 Klenow（2009）可能高估了中国制造业的资源错配。

2. 利用加总生产率分解

资源错配影响加总生产率，一个自然而然的想法是，将加总的全要素生产率进行分解，得到企业自身生产率增长对加总生产率的贡献和企业间资源配置对加总生产率的贡献。

关于生产率分解主要有以下几种方法：Baily 等（1992）利用企业份额和生产率计算加总生产率及加总生产率的变化，将加总生产率的变化分为在位企业、进入企业和退出企业三类企业的贡献。在位企业的贡献又可以进一步分解为保持每个企业份额不变时企业自身生产率增长的贡献，即企业内效应；以及保持企业自身生产率不变企业份额变化的贡献，即企业间效应。最终加总的生产率变化分解为四个成分：在位企业份额不变，企业自身生产率增长的贡献；企业自身生产率不变，在位企业份额变化的贡献；进入企业的贡献；退出企业的贡献。这种方法有个问题是对进入企业和退出企业没有选择比较基准，导致进入企业不管生产率高低对加总生产率的贡献总是正的，退出企业不管生产率高低对加总生产率的贡献总是负的，显然这对进入企业和退出企业贡献的计算不合理。Griliches 和 Regev（1995）采用类似的方法对加总生产率进行分解，同样将加总生产率分解为企业内效应、企业间效应、进入效应和退出效应。不同之处在于其选择了比较基准，相对更加合理。但其对进入企业和退出企业选择的比较基准都是两期平均的加总生产率。即进入企业的生产率高于两期平均的加总生产率，进入企业对加总生产率的贡献就为正；退出企业的生产率高于两期平均的加总生产率，退出企业对加总生产率的贡献就为负，这并不符合概念上对进入企业和退出企业贡献的衡量。Foster 等（2008）也采用了类似的方法对加总生产率进行分解，并且也选择了比较基准。不同之处是其选择的比较基准不是两期平均的加总生产率，而是第一期的加总生产率。即进入企业的生产率高于第一期的加总生产率，进入企业对加总生产率的贡献就为正；退出企业的生产率高于第一期的加总生产率，退出企业对加总生产率的贡献就为负，这同样不符合概念上对进入企业和退出企业贡献的衡量。此外，这种分解方法还产生了一个交叉项，企业生产率变化和份额变化的交叉项。

Melitz 和 Polanec（2015）指出以上加总生产率的分解方法没有选择比较基准或者选择不恰当的比较基准，都会导致对进入企业和退出企业贡献的度量有偏，并且这种偏差也会导致对在位企业中的企业内效应和企业间效应的度量有偏。借鉴 Olley 和 Pakes（1996）将加总生产率分解为企业平均生产率，以及企业生产率与企业份额的协方差。Melitz 和 Polanec（2015）对其差分并整理，最终将加总生产率的变化分解为四项：在位企业平均生产率的变化，在位企业生产率与份额协方差的变化，进入企业的贡献，退出企业的贡献。其中，进入企业的贡献选择的比较基准是第二期的平均生产率，即只有进入企业生产率高于进入当期企业平均生产率，进入企业的贡献才为正；退出企业的贡献选择的比较基准是第一期的平均生产率，即只有退出企业生产率高于退出当期企业平均生产率，退出企业的贡献才为负。这与进入企业和退出企业对生产率贡献的概念相符合。因此，相对于 Baily 等（1992）、Griliches 和 Regev（1995）及 Foster 等（2008）的分解方法，这种方法可以纠正对进入企业和退出企业贡献的度量偏差，得到正确的分解结果。

一些研究利用加总生产率分解方法，来测算资源错配。聂辉华和贾瑞雪（2011）分别利用 Baily 等（1992）及 Griliches 和 Regev（1995）的两种方法，计算中国 1997~2007 年制造业的资源错配。发现企业间资源配置对加总生产率的贡献为负，净进入效率（进入效应和退出效应之和）对加总生产率的贡献也为负，认为中国制造业的企业间配置和进入退出没有发挥出促进加总生产率增长的作用。陈斌开等（2015）研究住房价格对资源错配的影响时，同样利用这两种方法对加总生产率进行分解，发现 2004 年后企业间资源配置效应下降，企业间资源配置效应下降是 2004 年后全要素生产率下降的重要原因。正如前文所述，聂辉华和贾瑞雪（2011）及陈斌开等（2015）使用的分解方法由于选择的比较基准有误，会导致对在位企业、进入企业和退出企业贡献的测量有偏，因此，得到的结果需要谨慎对待。杨汝岱（2015）利用 1998~2009 年中国工业企业数据，同时采取了以上四种方法测算了中国制造业资源错配，发现不同方法得到的结果差异较大。以 Melitz 和 Polanec（2015）方法得到的结果来看，企业内效应贡献了 56.4%的加总生产率增长，企业间效应贡献了 31%的加总生产率增长，进入企业和退出企业分别贡献了 3.5%和 9.1%的加总生产率增长。这意味着中国的制造业中存在较大的资源错配。金晓雨（2021）利用 1998~2007 年中国工业企业数据，同样采用了以上四种方法计算中国制造业的资源错配，发现企业间资源配置和进入退出在加总制造业生产率增长中有重要贡献。这与杨汝岱（2015）得到的结论类似，二者的数值大小差异可能来自对样本的时间范围、数据的处理等方面的不同。

相对于利用对结构化数理模型校准来测算资源错配，利用对加总生产率分解方法测量资源错配对生产函数的具体形式没有要求，对市场结构和相关数理模型的设定也没有要求，相对来说更为灵活。但是由于中国工业企业数据质量较差，不同研究中对数据的处理方法不同，且生产率分解中依赖对企业生产率和份额的准确计算，因此，实证中得到的结论也严格依赖数据处理和生产率估算方法。

3. 其他方法

除了利用结构化数理模型和加总生产率分解方法，还有一些实证文献采用生产率离散度来测度资源错配。其理由是，如果不存在资源错配，生产要素为了获得高回报，会从低生产率企业流入高生产率企业，导致不同企业的生产率最终趋同。因此，如果企业间生产率不同，就意味着存在资源错配，企业间生产率离散度越高，资源错配程度越高。蒋为和张龙鹏（2015）用生产率离散度来代表资源错配，研究政府补贴对行业内企业间资源错配的影响。江艇等（2018）同样使用了制造业全要素生产率的标准差、90-10 分位离差来代表资源错配，研究了不同城市级别的制造业资源错配情况。

除此之外，金晓雨（2022）利用非参数方法测算资源错配。建立投入产出的 DEA 模型，模型中有两种情形：一种是现实的资源配置情况能够生产出的产出；另一种是资源在企业间实现最优配置时的产出。通过比较两种情况下的产出差异得到资源错配程度。这种方法的好处是：第一，不需要对生产函数做严格的假设，是一种数据驱动的方法；第二，可以任意设定要计算的资源错配的范围，得到不同的环境下对应的资源错配程度。

三、资源错配的影响因素

1. 规制政策

当一项政策对不同企业产生不同影响时，会导致资源在不同企业间的错配。Guner 等（2008）定义"规模依赖性政策"，指的是对大规模企业征收更高税率的政策，包括针对就业人数超过门槛值才有效的政策和直接限定就业人数或对企业地理空间的限制政策。发现这类政策会对企业数量和规模分布产生显著影响。Restuccia（2013）指出企业投资可以获得高生产率，而对高生产率企业征收高的税收会降低企业的投资激励，进而改变加总生产率分布，并用该模型分析了拉丁美洲和美国的生产率差异。Bento 和 Restuccia（2017）研究企业进入前和整个生命周期的生产率投资，发现相对于美国，印度高生产率企业面临更高的税收，这减少了印度 53%的加总生产率和 86%的平均企业规模。通过将加总生产率效应分解为静态资源错配、由于低的生命周期生产率投资产生的生命周期效应、由于进入时的低生产率投资导致的进入效应，发现静态资源错配和进入效应对加总生产率的影响相当，而生命周期效应相对较小。蒋为和张龙鹏（2015）研究行业内企业间差异化补贴对资源错配的影响，利用 1998~2007 年中国工业企业数据，研究发现对不同企业的差异化补贴是导致中国制造业生产率分布离散与资源错配的重要原因。金晓雨（2018b）研究政府补贴政策的资源错配效应，指出补贴企业和未补贴企业面临不同的成本差异会扭曲资源配置，导致资源配置效率的降低。利用 1998~2007 年中国工业企业数据研究发现，政府补贴导致了显著的资源错配，降低了加总的制造业生产率。

这些政策不仅对不同企业产生异质性影响，当政策对不同空间经济主体产生异质性影响时，也会导致资源的空间错配。Hsieh 和 Moretti（2019）研究 1964~2009 年美国 220 个大都市区的劳动力空间错配，发现由于纽约和旧金山湾区等生产率较高的城市对新住房供应采取了严格的限制，限制了能够获得如此高生产率的工人数量，导致劳动力市场的空间资源错配。利用一个空间均衡模型和 220 个大都市区的数据，发现这些约束使美国 1964~2009 年的总增长率降低了 36%。Fajgelbaum 等（2019）研究了美国的税收政策导致的就业和企业的空间错配，发现当政府支出保持不变，消除税收扭曲能够增加 0.6%的工人福利。谢呈阳等

(2014) 基于江苏1500家企业的调查研究，测算传统产业转移中资金、高端人才和劳动力要素资源的空间错配。发现经济先发地区要素供给不足，而后发地区却存在不同程度的过剩，表明产业转移的速度滞后于要素迁移的速度。进一步测算发现，如果纠正产业转移中的要素错配，将提升传统产业中10%~40%的产出。

贸易政策会改变市场竞争，导致资源的再配置。Melitz（2003）建立了一个异质性企业产业内贸易的理论分析框架，发现关税和其他贸易政策会改变企业间的资源配置。Eaton等（2011）量化分析了法国的出口企业面临贸易政策冲击的反应，模拟发现当双边贸易壁垒下降10%时，法国的总销售额增长了约160亿美元。其中，排名前10%的公司的销售额增长了近230亿美元，而由于在国内销售减少或完全退出，排名后10%的企业销售额却下降。这意味着贸易政策导致了不同生产率企业之间的资源再配置。Pavcnik（2002）研究智利贸易自由化对企业生产率的影响。智利在20世纪70年代末和80年代初经历了大规模的贸易自由化，使其工厂大大暴露于来自国外的竞争中。研究发现由于贸易自由化导致的竞争加剧，使加总生产率增长了19%，其中2/3是由于资源从低生产率企业流入高生产率企业导致的。Khandelwal等（2013）利用2005年美国、欧美和加拿大去除中国纺织品和服装出口配额的贸易政策改革，发现由于出口配额主要分配给了低生产率的国有企业，这产生了资源错配并降低了加总生产率。消除出口配额产生的生产率增长中，很大一部分来自对资源错配的纠正。Edmond等（2015）利用中国台湾的数据，研究贸易政策引起的竞争对资源错配的影响。研究发现贸易开放强烈地增加了竞争，并将加价扭曲减少了多达一半，从而显著减少了由于资源错配造成的生产率损失。周申等（2020）以中国加入WTO为自然实验，研究贸易自由化对劳动力错配的影响，发现贸易自由化能显著降低劳动力资源错配。最终品的竞争效应和中间品的进入效应促进市场份额在不同生产率的企业之间的改变，以及增强优胜劣汰机制，改善了劳动力的资源配置。

2. 摩擦性成本

产品市场和要素市场的摩擦是资源错配的一个重要原因。Hopenhayn和Rogerson（1993）分析劳动力市场摩擦性成本的影响，辞退工人需要成本导致不同企业的边际收益产品不同，进而导致资源错配。研究发现，当辞退工人的成本等于一年工资时，将导致稳态生产率损失2%。Tombe和Zhu（2019）研究中国商品市场和劳动力市场的摩擦如何影响加总劳动生产率，通过将数据与国内和国际贸易、跨地区和跨部门移民的一般均衡模型相结合，量化了贸易和移民成本的规模和影响。发现中国2000年的劳动力迁移成本很高，但后来又下降了。从2000年到2005年，迁移成本的下降贡献了劳动生产率总增长的36%。David等（2016）将信息不完全和资源错配及生产率联系起来，发现信息摩擦导致了生产率和产出损失，中国和印度的生产率损失在7%~10%，产出损失在10%~14%。Caselli和Gennaioli（2013）发现契约不完善会影响家族企业的管理，带来很大的加总生产率损失。

大量研究发现金融市场发展对经济增长的重要作用（Rajan and Zingales，1998）。由于信贷约束，不同企业获得信贷的机会和成本不同，这会导致不同企业面对的资本要素价格差异，进而带来资本错配。Midrigan和Xu（2014）指出金融摩擦通过两个渠道降低全要素生产率：一是金融摩擦扭曲了进入和采用技术的决策；二是融资摩擦导致现有生产商之间的资本回报分散，从而导致配置不当造成生产率损失。其模型发现资源错配导致的生产率差距低于10%，生产率差距大部分是来自低效率的进入和技术采用。Gopinath等（2017）利用西班牙制造业企业1999~2012年的数据，发现企业间资本回报分散度显著增加、劳动回报的分散度稳定，随着时间的推移资本错配导致的生产率损失显著增加，其指出这种资本错配在很大程度上是由于金融摩擦引起的，但其计算得到的金融摩擦引起的资源错配对全要素生产率的影响只有3%。Wu（2018）针对中国的研究发现，金融摩擦将导致加总TFP损失8.3%，占中国观察到的资本错配的30%。Bai等（2018）发现与非国有企业相比，国有企业的杠杆率更高，支付的利率也要低得多；在私营企业中，规模较小的企业杠杆率较低，面临更高的利率，并以更高的资本边际产品生产。他们估计发现金融摩擦可以解释总体企业的储蓄和投资，以及私营企业内部资本边际产品约50%的分散，这转化为高达12%的TFP损失。

在土地市场中，Adamopoulos等（2022）使用来自中国的家庭水平的面板数据研究农业中要素错配的程度和影响。中国农村土地制度对高生产率农民产生更多约束，导致土地市场和资本市场都存在大量村内部的摩擦。这些摩擦通过影响两个关键边际来降低总体农业生产率：第一，资源在农民之间的分配；第二，劳动力在各部门之间的分配，特别是在农业中经营的农民类型。职业选择通过影响农业平均生产率，极大地放大了扭曲政策的生产力效应。李力行等（2016）指出，中国各个城市大力推进的开发区建设导致大量土地资源被低效利用，实证研究发现当城市中以协议方式出让的土地越多时，企业间资源配置效率就越低，且该结果在土地依赖程度高的行业中更为显著。中国的土地是由政府提供，政府对

不同用途的土地定价也不同，存在抬高商住用地价格和压低工业用地价格的“两手供地”策略（赵祥和曹佳斌，2017）。这种供地方式扭曲了不同行业的要素价格，进而带来资源错配。张少辉和余泳泽（2019）利用中国2004~2013年230个地级城市面板数据，研究发现地方政府抬高商住用地价格来补贴工业用地的模式，导致了土地资源的错配，降低了城市的全要素生产率。

3. 市场势力

不完全竞争市场中，市场势力让不同企业可以按照成本加成定价，具有不同的成本利润率（Markup）。这种异质性成本利润率使不同企业的边际产出不同，带来企业间的资源错配。大量文献发现企业之间的成本利润率存在差异（Foster et al.，2008；De Loecker et al.，2016）。近年来这种成本利润率有增加的趋势，一些超大的高利润企业对经济的贡献在不断增加，这也会对资源错配和加总生产率产生更大的影响。

Opp等（2014）建立了一个具有连续异质性行业的寡头竞争动态一般均衡模型，每个行业都按照成本加成定价，发现一般均衡时异质性行业出于利润最大化而设定的分散的成本利润率导致产业间的劳动力错配。Peters（2020）建立了一个企业动态模型，模型中资源错配来自市场势力导致的企业之间不同的成本利润率。其中企业的市场支配力是内生的，企业投资于生产率增长，以提高现有产品的市场实力，但也会被更高效的竞争对手随机替代。更快的企业进入退出使在位企业没有足够的时间积累市场力量，因此创造性破坏具有促进竞争的作用。模型预测发现，印度尼西亚与美国相比资源错配更为严重，企业规模实际上更小。Baqaee和Farhi（2019）通过非参数方法来计算不同原因引起的资源错配，包括税收、成本利润率、资源再分配摩擦、金融摩擦和名义刚性等。针对美国企业层面成本利润率差异研究发现，1997~2015年，由于市场份额随着时间的推移被高价格加成的企业重新配置，这产生的资源配置效率的提高约占总TFP增长的一半，消除由数据中估计的巨大而分散的加成导致的错配，将使总TFP提高约15%。

跨国比较发现，中国服务业企业规模较小。Ge等（2019）利用中国2008年经济普查的企业层面数据，发现两个现象，以解释服务业内部以及制造业和服务业之间存在一种新的错配机制。首先，与制造业相比，服务业的国有企业更多，进入者更少；其次，成本加成随着企业规模的增加而增加，而且这种增加在服务业企业中更为显著。通过一个具有异质企业和可变加成的垄断竞争模型显示，将跨部门进入的不对称壁垒转化为部门加价差异，导致了部门之间的资源错配。该模型预测，当服务业企业的进入壁垒降低到制造业企业的程度时，服务业就业份额将增加 12 个百分点。

第三节　环境政策对资源配置的影响

一、环境政策影响资源配置的理论

环境政策作为经济政策的一个重要方面，也会影响资源错配。可能有两种情况：一种是环境政策在执行中对不同企业施加的影响不同，这会扭曲企业的要素投入，带来企业间的资源错配。比如环境政策执行中可能会偏向保护国有企业或有政治关联的企业，这会导致政策对不同企业的影响不同，进而扭曲资源配置。另一种是企业本身有某方面的异质性，同样的环境政策对不同企业也会产生不同的影响。比如按照排放密集度征收的环境税使不同排放密集度的企业承担的成本不同，扭曲不同企业面对的要素价格，带来资源错配。

关于环境政策引起资源错配的理论研究相对较少。环境政策的目标是给企业施加约束，让企业减少污染排放。但在环境政策实践中，往往采取不同的政策措施，这些政策措施并不是针对污染物排放征收单一的税率。例如，环境政策规制并不是针对排放量征税，而是针对排放密集度，即单位产出的排放量。这会导致企业可以选择减少排放，也可以选择增加产出来稀释排放密集度（Helfand, 1991）。Tombe 和 Winter（2015）构建了一个理论模型，讨论产出基础上的排放密集度标准对资源错配的影响。相对于低生产率企业，排放密集度标准对高生产率企业而言更容易达到，即同样的环境政策下低生产率企业相对于高生产率企业承担了更多的成本。这会导致不同生产率企业边际收益产品的不同，扭曲了资源在企业间的最优配置，降低了加总生产率。利用美国数据对模型校准测算发现，产出基础上的密集度标准在很大程度上降低了美国的加总生产率。Sadeghzadeh（2014）建立一个可变成本利润率的模型，研究环境政策如何通过影响市场竞争进而影响企业的技术选择。发现环境政策能够促进企业采用减排技术，提高生产率和环境质量。但是企业生产率的提高主要来自企业之间的资源配置改善，而不是企业本身的技术变化。更严格的环境政策会提高平均价格和市场集中度，使资

源从低生产率企业流入高生产率企业，改变企业间的资源配置。Andersen（2018）建立了一个异质性企业的多部门一般均衡模型，讨论环境规制对规制企业的直接成本以及多样化损失和要素再配置的间接成本，并指出环境规制除了直接成本，还会产生两种间接影响：第一，由于事后活跃企业的平均生产率高于事前活跃企业，生产要素从生产率较低的企业重新配置到生产率较高的企业，从而导致更高的平均生产率。第二，由于企业生产差异化的产品，企业退出市场对消费者来说意味着多样性的损失，降低了社会福利。环境规制的直接成本低估了真实成本，由于不同行业减排成本不同，行业间的资源再配置能够在很大程度上节约成本。

主要污染物的排放来自企业的能源投入，Cao 等（2021）在 HK 模型的基础上研究能源错配对加总生产率的影响。发现规制政策影响企业和产业水平的全要素生产率，即观测数据和扭曲数据计算出的真实/扭曲的全要素生产率，以及修正扭曲后的反事实/未扭曲的全要素生产率。采用 DID 方法考察 2000~2007 年清洁生产标准对中国能源企业全要素生产率和资源配置效率的影响，发现在资源充分有效配置的情况下，中国能源产业扭曲的全要素生产率可提高 117%~491.6%。Dong 等（2022）同样在 HK 模型基础上构建了一个考虑环境政策冲击的动态一般均衡模型，从加总生产率的角度讨论环境政策对资源错配的影响。研究发现，环境政策对资源错配有显著影响，这种影响依赖于初始要素分配状态和环境政策冲击强度。刘悦和周默涵（2018）在异质性企业垄断竞争的框架中，讨论环境规制对企业生产率的影响。将企业生产率归于企业内生进行选择的研发投资，局部均衡下环境规制不利于企业研发和生产率提升，但在一般均衡下，低生产率企业的退出有利于其他企业增加研发和提高生产率。这意味着一般均衡下，环境规制通过企业退出有助于其他企业生产率提升，同时这也带来一种动态的资源配置，低生产率企业的退出使资源由低生产率企业流入高生产率企业，提高加总生产率。王勇等（2019）认为，环境规制会产生两种效应：一是生产要素向污染治理配置，即要素替代效应；二是改变生产过程，产生创新补偿效应。环境规制对企业生产率的影响取决于这两者大小。环境规制通过异质性企业的进入退出，促进高生产率企业扩张，有助于企业间资源配置。

二、环境政策影响资源配置的实证

以往实证研究多讨论的是环境政策对企业研发、生产率或者企业进入退出等的影响，对资源错配的研究较少。事实上，也是在 Hsieh 和 Klenow（2009）这篇关于资源错配的重要文献之后，才陆续出现关于资源错配的实证研究，以及环境政策对资源错配影响的研究。

一些实证研究发现环境政策对企业的影响具有异质性，这从侧面验证了环境政策会带来资源配置效应。因为同一政策对不同企业产生不同影响，会导致不同企业的生产率、规模份额、进入退出都存在不同，进而带来资源在不同企业间的流动。Albrizio 等（2017）利用 OECD 国家行业和企业数据，研究发现环境规制对不同生产率企业的影响有异质性，有利于高生产率企业的生产率增长，但不利于低生产率企业的生产率增长。金晓雨和宋嘉颖（2020）提出环境规制会产生利润削弱效应和摆脱规制效应，这两种效应在不同技术水平企业中不同。对于高生产率企业，摆脱规制效应占主导，环境规制有利于高生产率企业研发；而对于低生产率企业，利润削弱效应占主导，环境规制不利于低生产率企业研发。通过实证研究发现环境规制有利于高生产率企业增加研发，但却不利于低生产率企业的研发。Becker 等（2013）研究环境规制对不同规模企业的影响，计算企业单位经济活动的减污成本，发现单位经济活动的减污成本随着企业规模的增加而增加。孙学敏和王杰（2014）研究环境规制对企业规模分布的影响，发现环境规制减少了企业规模分布的离散度，使企业规模分布变得更加均匀，且这种影响在高污染行业更明显。Yang 等（2021）利用 1998~2007 年中国 15 个污染密集型行业的 184186 家企业的数据研究发现，环境规制对企业生产率产生了显著的负面影响，但同时也影响了低生产率企业的进入和退出概率。更严格的环境规制增加了低生产率企业的退出概率，降低了潜在污染密集型企业的进入概率，导致行业内资源的重新配置。

关于环境规制对资源错配的实证研究中，Wang 等（2021）结合中国各区域在减排节能和资源配置方面的潜力，计算了生态效率的变化。引入环境规制和资源错配因子，确定影响生态效率的关键因素。研究发现环境规制强度与资源错配程度呈“U”形关系，规制水平较低时可以在一定程度上缓解资源错配，提高了生态效率，但随着环境规制强度的进一步提高，生态效率又会下降。韩超等（2017）利用“十一五”规划中将主要污染物排放作为约束指标，研究环境政策对资源配置的影响。利用生产率分布离散度作为资源错配的度量，利用 1998~2007 年中国工业企业数据实证研究发现，约束性污染控制计划显著降低了污染行业的资源错配，提高了污染行业的加总生产率。具体来看，约束性污染控制计

划促进了资本由低生产率企业流入高生产率企业，提高了高生产率企业的市场份额，且约束性污染控制计划有助于缓解补贴导致的资源错配。李蕾蕾和盛丹（2018）基于1998~2007年中国工业企业数据，研究环境立法对资源配置的影响。以生产率离散度衡量资源错配，发现环境立法有助于减少行业内企业间的生产率离散度，优化行业内资源配置。进一步研究发现，一方面，环境立法通过提高企业平均生产率而提高企业内资源配置效率，且低生产率企业生产率提高幅度高于高生产率企业，缩小了企业间生产率离散度；另一方面，环境立法有助于阻止低生产率企业进入和促进低生产率企业退出，提升了企业间资源配置效率。王勇等（2019）同样基于1998~2007年中国工业企业数据，研究环境规制影响加总生产率的机制。将加总生产率增长的来源区分为企业内资源配置效应和企业间资源配置效应，企业内资源配置效应指的是企业生产率的提高，认为企业内部资源配置效率改善，提升企业本身的生产率；企业间资源配置效应指的是来自异质性企业相对规模份额的变化和进入退出，这种企业间资源配置效率改善也有利于提高加总生产率。实证研究发现，环境规制并没有引起创新补偿效应，也没有提高企业本身的生产率，企业内效应微乎其微；环境规制有利于资源从低生产率企业向高生产率企业流动，同时促进低生产率企业的退出，有助于企业间资源配置，提升加总生产率。周瑞辉等（2021）在加总生产率分解基础上，研究环境规制的资源配置效应，发现环境规制强度的上升不利于行业内企业加总全要素生产率的提升，这主要来自企业退出效应，高生产率的企业退出了市场，降低了加总全要素生产率。

还有一些文献研究环境政策对地区间和行业间资源配置的影响。徐志伟（2018）研究中国省级层面环境规制扭曲导致的生产率损失，以及规制对象选择性保护与规制扭曲间关系，发现中国长期存在环境规制扭曲，这在一些中西部省份尤为明显。随着扭曲程度的增加，产生的生产效率损失逐步下降；对于导致规制扭曲的原因，发现政府对行业的选择性保护造成的行业环境规制力度不足是造成规制扭曲的直接原因。张彩云等（2020）基于“两控区”政策和约束性污染控制政策，研究环境政策对劳动力、资本资源配置的影响。发现环境总量控制政策使劳动力配置到环境政策更严格地区，而却使资本和企业流出这些地区。进一步研究发现，总量控制政策通过“创新补偿”增加企业的就业，通过“要素转换”用劳动力代替资本，将劳动力转移到政策实施严格地区；通过“遵循成本”和“要素转换”两种效应使资本和企业转移到环境政策宽松地区。

第四节　文献评述

本章从环境政策、资源错配、环境政策对资源配置的影响三个方面综述国内外相关文献。对于环境政策的研究，现有文献主要讨论了环境污染对居民身体和精神健康、污染规避行为、企业研发和生产率、企业转移等方面的影响，以及环境政策对减少污染效果、企业行为等方面的影响，相关文献非常丰富。随着微观数据的可获得性和实证方法的改进，当前更多研究基于微观个体和企业数据，以政策实验克服选择性偏差和内生性等计量经济问题，获得更可靠的估计结果。总体上看，发现环境政策和环境污染对居民和企业都会带来相当大的影响，且居民和企业会对污染及环境政策做出选择和反应。对于资源错配方面的研究，大部分研究是基于静态的模型，讨论在位企业之间的静态资源错配。尽管也有些文献讨论动态企业进入退出，但无法将企业研发、企业间规模调整、市场进入退出等行为纳入统一分析框架。对于资源错配的测度，文献中主要基于理论模型校准或加总生产率分解进行测度。对资源错配的影响因素也进行了很多实证研究，发现各种政策和摩擦是导致资源错配的主要原因。

环境政策作为经济政策的一种，也会对异质性企业产生不同影响，导致企业面临的边际收益产品不同，引起企业间的资源错配。目前已有一些文献基于 HK 模型对环境政策的资源配置效应进行了建模分析，也有一些文献对环境政策的资源配置效应进行了实证研究。但这个领域的研究目前还比较少，且得到的结论也并不一致，尚存在很多问题未厘清。第一，在资源错配的内涵和理论研究上，对企业之间的多方面互动关系讨论不足。事实上，企业研发、规模份额调整、进入和退出都是同时决定的，这需要建立动态的一般均衡理论模型以纳入企业的研发和动态进入退出。第二，不同环境政策的作用机制和产生的资源配置效果是不同的，相关理论和实证研究中多是基于某种环境政策进行讨论的，没有对不同政策措施的影响机制和效果上的差别进行讨论。第三，在资源配置的测算上，大部分研究基于对数理模型的校准或直接用企业生产率离散度表示资源错配，这只能测度企业间的静态资源错配，无法衡量企业内资源配置和动态进入退出效应。因此，关于环境政策资源配置效应的研究，有必要对资源配置的内涵进行新的界

定，从理论上建立一个动态一般均衡的分析框架，同时纳入企业研发、规模调整和进入退出行为，进而分析不同的环境政策措施对资源配置的影响机制和效果。实证和资源配置的内涵与理论模型一致，利用加总生产率分解来测算不同类型的资源配置效应，得到不同资源配置对加总生产率的贡献，进而进行影响大小和机制上的实证识别。

第三章　环境政策资源配置效应理论模型

第一节　模型基本框架

本书定义的资源配置包括三个方面：第一，企业研发行为对自身生产率的影响，进而带来的企业内的资源配置；第二，企业相对规模变化和要素流动带来的企业间的静态资源配置；第三，企业市场进入退出带来的企业间动态资源配置。为了能够在一个一般均衡框架下同时分析企业内和企业间的资源配置，理论模型是在 Melitz（2003）的理论模型基础之上，通过引入企业研发行为以全面考察环境政策对企业生产率、规模和市场进入退出的影响，以及由此带来的资源配置效应。

一、家庭偏好

设定偏好多样化消费的代表性家庭通过消费商品组合获得效用，效用函数由不同商品按照不变替代弹性加总得到（Dixit and Stiglitz，1977）。商品种类为 M，每个企业只生产一种商品，此时商品数量等于企业数量。企业生产率 φ 服从概率密度为 $\mu(\varphi)$ 的分布。

$$U=\left[\int M\mu(\varphi)q(\varphi)^{\frac{\sigma-1}{\sigma}}d\varphi\right]^{\frac{\sigma}{\sigma-1}} \tag{3-1}$$

其中，$q(\varphi)$ 为生产率为 φ 的企业的产量；σ 为商品间的替代弹性，且 $\sigma>1$。

令代表性家庭收入为 E，则代表性家庭的效用最大化问题为：

$$U=\left[\int M\mu(\varphi)q(\varphi)^{\frac{\sigma-1}{\sigma}}d\varphi\right]^{\frac{\sigma}{\sigma-1}}$$

$$s.t.\int M\mu(\varphi)p(\varphi)q(\varphi)d\varphi=E \tag{3-2}$$

求解家庭效用最大化问题得：

$$q(\varphi)=\frac{p(\varphi)^{-\sigma}}{\int M\mu(\varphi)p(\varphi)^{1-\sigma}d\varphi}E \tag{3-3}$$

代入式（3-1），得间接效用函数：

$$V[p(\varphi),\ E]=\frac{E}{\left[\int M\mu(\varphi)p(\varphi)^{1-\sigma}d\varphi\right]^{\frac{1}{1-\sigma}}} \tag{3-4}$$

令价格指数 $P=\left[\int M\mu(\varphi)p(\varphi)^{1-\sigma}d\varphi\right]^{\frac{1}{1-\sigma}}$，则间接效用函数变为 $V(P,\ E)=\frac{E}{P}$。该间接效用函数意味着价格指数越低，代表性家庭的效用水平越高。将价格指数替换为式(3－3) 的分母，此时企业产出：

$$q(\varphi)=\frac{E}{P}\left[\frac{p(\varphi)}{P}\right]^{-\sigma} \tag{3-5}$$

令家庭总数量为 L，代表性家庭无弹性供给 1 单位劳动。家庭收入全部来自工资，将工资标准化为 1，则 E=L，此时式（3-5）可以表示为：

$$q(\varphi)=\frac{L}{P}\left[\frac{p(\varphi)}{P}\right]^{-\sigma} \tag{3-6}$$

二、生产技术

企业使用劳动作为唯一投入要素，生产函数设定为：

$$l=f+\frac{cq(\varphi)}{\varphi} \tag{3-7}$$

其中，f 为固定成本，φ 为企业生产率。可见，企业的生产率越高，边际成本越低。

企业可以通过研发提升生产率，令企业为了获得生产率 φ，需要投入的研发费用为 $\kappa\varphi^{\sigma}$。由于 σ>1，企业研发的边际成本是递增的。工资标准化为 1，则企业利润为：

$$\pi(\varphi)=p(\varphi)q(\varphi)-\frac{c}{\varphi}q(\varphi)-f-\kappa\varphi^{\sigma} \tag{3-8}$$

根据家庭偏好和生产技术，代表性家庭由于多样化偏好，使每个企业有市场势力。而企业生产技术含有固定成本，边际报酬递增。这样会形成一个垄断竞争市场，企业为了利润最大化，会最优化研发投入，进而决定生产率、产量和商品价格。

第二节 模型一般均衡

一、一般均衡条件

根据企业利润最大化一阶条件，得商品价格和企业生产率分别为：

$$p(\varphi)=\frac{\sigma}{\sigma-1}\frac{c}{\varphi} \tag{3-9}$$

$$\varphi^{\sigma+1}=\frac{cq(\varphi)}{\kappa\sigma} \tag{3-10}$$

将式（3-9）代入价格指数，得：

$$P=M^{\frac{1}{1-\sigma}}\frac{\sigma}{\sigma-1}\frac{c}{\left[\int\mu(\varphi)\varphi^{\sigma-1}d\varphi\right]^{\frac{1}{\sigma-1}}}=M^{\frac{1}{1-\sigma}}\frac{\sigma}{\sigma-1}\frac{c}{\overline{\varphi}}=M^{\frac{1}{1-\sigma}}p(\overline{\varphi}) \tag{3-11}$$

其中，$\overline{\varphi}=\left[\int\mu(\varphi)\varphi^{\sigma-1}d\varphi\right]^{\frac{1}{\sigma-1}}$为平均生产率，$p(\overline{\varphi})=\frac{\sigma}{\sigma-1}\frac{c}{\overline{\varphi}}$。即企业生产率的分布可以完全由平均生产率表示，平均价格和单个商品价格也具有相同的定价结构。将式（3-9）和式（3-11）代入式（3-5）替换其中的$p(\varphi)$和P，得：

$$q(\varphi)=\frac{\sigma-1}{\sigma}\frac{L}{Mc}\overline{\varphi}^{1-\sigma}\varphi^{\sigma} \tag{3-12}$$

将式（3-12）代入式（3-10），整理得：

$$\varphi=\frac{\sigma-1}{\sigma^{2}}\frac{L}{M\kappa\overline{\varphi}^{\sigma-1}} \tag{3-13}$$

令 $\Phi=[(\sigma-1)/\sigma^2](L/M\overline{\varphi}^{\sigma-1})$，则式(3-13)可以写成 $\varphi=\Phi\kappa^{-1}$。可以证明，平均生产率 $\overline{\varphi}$ 与平均研发成本参数 $\overline{\kappa}$ 之间有 $\overline{\varphi}=\Phi\overline{\kappa}^{-1}$ 的关系①，其中 $\overline{\kappa}=\left[\int_0^{\kappa^*}v(\kappa)\kappa^{1-\sigma}d\kappa\right]$。

此时，企业利润可以表示为研发成本参数的函数：

$$\pi(\kappa)=\frac{\Phi^\sigma}{\sigma-1}\kappa^{1-\sigma}-f \tag{3-14}$$

只有企业利润为正时才会生产。如果企业的研发成本过高，则企业生产率过低，此时收益无法弥补成本而退出市场。设定临界研发成本参数为 κ^*，只有企业研发成本参数低于 κ^* 的企业才会研发和生产，并获得正的利润。此时，企业平均利润：

$$\overline{\pi}(\kappa^*)=\int_0^{\kappa^*}\pi(\kappa)v(\kappa)d\kappa=\frac{\Phi^\sigma}{\sigma-1}[\overline{\kappa}(\kappa^*)]^{1-\sigma}-f \tag{3-15}$$

其中，$\overline{\kappa}(\kappa^*)=\left[\int_0^{\kappa^*}\kappa^{1-\sigma}v(\kappa)d\kappa\right]^{\frac{1}{1-\sigma}}$。对于临界退出企业 $\pi(\kappa^*)=0$，消除式（3-15）中的f，得到零利润条件：

$$\overline{\pi}(\kappa^*)=\left[\left(\frac{\overline{\kappa}(\kappa^*)}{\kappa^*}\right)^{1-\sigma}-1\right]f \tag{3-16}$$

零利润条件中，由于 $\sigma>1$，此时 $\partial\overline{\pi}(\kappa^*)/\partial\kappa^*>0$。随着临界研发成本参数的增加，企业平均利润上升。因为更高的临界研发成本参数，意味着市场中高研发成本和低生产率的企业也能够获得正的利润，因此平均利润更高。

为考察企业的动态市场进入退出行为，遵循 Hopenhayn（1992）的方法。设定市场中存续的企业每期会有 δ 的概率受到外生的负面冲击而退出市场，同时，垄断竞争市场中企业可以自由进入市场，但进入市场需要预先付出 f_e 的进入成本。企业选择进入市场要求其进入市场的期望利润能够覆盖进入成本。据此得到自由进入条件②：

$$\overline{\pi}(\kappa^*)=\frac{\delta f_e}{G(\kappa^*)} \tag{3-17}$$

其中，$G(\kappa^*)$ 为研发成本参数的概率分布函数。自由进入条件中，$\partial\overline{\pi}(\kappa^*)/\partial\kappa^*<$

① 详细证明过程见本章附录1。

② 详细证明过程见本章附录2。

0，企业平均利润随着临界研发成本参数的增加而下降。这是因为，临界研发成本参数增加意味着进入市场企业的生存概率增加，更多高研发成本和低生产率的企业也能够生存，那么在期望利润不变情况下，生存企业的平均利润必然下降。

结合零利润条件和自由进入条件，可以得到均衡临界研发成本参数和企业平均利润。如图 3-1 所示，零利润条件和自由进入条件相交的位置 E 决定了一般均衡。这和 Melitz（2003）的理论模型结果类似，只不过生产率参数变为了这里的研发成本参数。该模型表明，一方面，其他条件不变情况下，研发成本差异决定了生产率差异；另一方面，引入研发行为，可以进一步分析企业多种类型的成本变化对研发行为和生产率的影响。

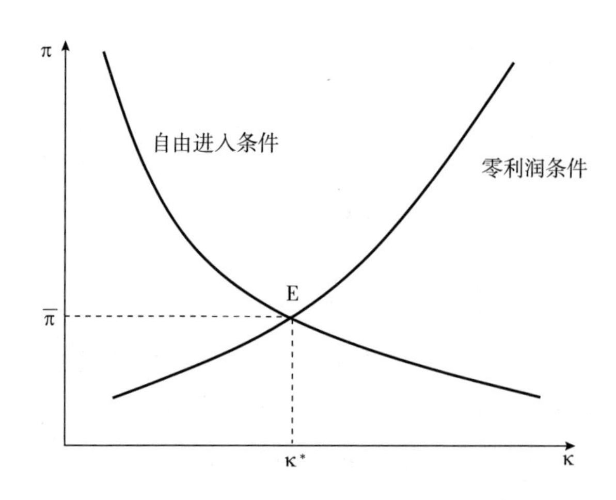

图 3-1　均衡的临界研发成本参数和企业平均利润

二、均衡企业数量、规模和生产率

现在求解异质性企业的均衡企业数量、规模和生产率，前面已经得到均衡的企业平均成本和临界研发成本参数，这里将企业数量、规模和生产率表示为均衡的企业平均成本、临界研发成本参数和企业本身研发成本参数的函数，以分析异质性企业的规模差异和生产率差异，以及其决定因素。

根据产品市场均衡，全部商品的消费支出等于消费者的收入，即

$$\int Mp(\varphi)q(\varphi)\mu(\varphi)d\varphi = E \tag{3-18}$$

由于 $p(\varphi)q(\varphi)=r$，$E=L$，令 $\bar{r}=\int p(\varphi)q(\varphi)\mu(\varphi)d\varphi$，则式(3-18)变为：

$$M\bar{r}=L \tag{3-19}$$

即企业的全部收益等于工资收入。此时，企业平均利润[①]：

$$\bar{\pi}=\int\pi(\varphi)\mu(\varphi)d\varphi=\frac{L}{\sigma^2 M}-f \tag{3-20}$$

整理得均衡企业数量：

$$M=\frac{L}{\sigma^2\ (\bar{\pi}+f)} \tag{3-21}$$

这里的均衡企业数量公式意味着企业数量与市场规模 L 正相关，与均衡企业平均利润和固定成本负相关。企业数量和市场规模正相关是因为研究中采用了不变替代弹性的效用函数，因此企业会按照同样的边际定价，价格和产量都和市场规模无关。市场规模增加不会增加市场竞争，只会同比例增加市场中企业的数量。企业平均利润和固定成本增加则会导致市场中企业数量减少，这是因为企业平均利润和固定成本增加导致均衡时企业规模增加，市场中能够容纳的企业数量必然会减少。

现在求解均衡时的企业规模，本书以企业销售收入（收益）表示企业规模，根据定义，企业收益 $r(\varphi)=p(\varphi)q(\varphi)$，结合式（3-6）可得：

$$r(\varphi)=L\left[\frac{p(\varphi)}{P}\right]^{1-\sigma} \tag{3-22}$$

将式（3-9）和式（3-11）代入式（3-22），并替换 $\frac{\varphi}{\bar{\varphi}}=\frac{\bar{\kappa}}{\kappa}$，可得以收益表示的企业规模：

$$r(\kappa)=\sigma^2(\bar{\pi}+f)\left[\frac{\bar{\kappa}(\kappa^*)}{\kappa}\right]^{\sigma-1} \tag{3-23}$$

这里的企业规模与均衡时的企业平均利润和固定成本正相关。这里均衡时的企业平均利润是固定成本的函数，随着固定成本增加，使企业必须要有更大的生产规模才能够弥补固定成本的损失。因此，固定成本增加会提高均衡时企业的规模。由于 $\sigma>1$，企业规模与均衡时的平均研发成本参数正相关，与企业本身的研发成本参数负相关。即当企业研发成本相对于平均研发成本越小时，此时企业会

---

① 详细推导过程见本章附录 3。

进行更多的研发投入，提高自身生产率水平，从而可以生产出更高的产量和收益，即企业规模会增加。

进一步求解均衡的企业生产率。根据式（3-13），先求解其中的企业平均生产率，通过平均生产率的表达式求解得到企业平均生产率 $\bar{\varphi}^{\sigma}=\left[\frac{(\sigma-1)}{\sigma^2}\right]\left[\frac{L}{(M\bar{\kappa})}\right]$。再结合式（3-21），可以得到企业的生产率表达式为[①]：

$$\varphi=\frac{(\sigma-1)^{\frac{1}{\sigma}}}{\kappa}\bar{\kappa}\ (\kappa^{*})^{\frac{\sigma-1}{\sigma}}\ (\bar{\pi}+f)^{\frac{1}{\sigma}} \tag{3-24}$$

企业生产率与均衡时企业平均利润和固定成本正相关，与平均研发成本参数正相关，与企业本身的研发成本参数负相关。高固定成本和高利润，企业拥有更大的规模。此时企业研发的边际收益增加，有利于企业增加研发投入，提升企业生产率。而企业自身研发成本参数减少，降低了研发的边际成本，也会提高研发投入，提升企业生产率。

平均生产率可以由 $\bar{\varphi}^{\sigma}=\left[\frac{(\sigma-1)}{\sigma^2}\right]\left[\frac{L}{(M\bar{\kappa})}\right]$ 得到，利用式(3-21)替换其中的 $\frac{L}{M}$，得：

$$\bar{\varphi}^{\sigma}=(\sigma-1)\frac{\bar{\pi}+f}{\bar{\kappa}(\kappa^{*})} \tag{3-25}$$

至此，模型中的主要变量已经全部得出，模型求解完毕。

三、资源配置效应的理论内涵

本书将平均生产率（加总生产率）的增长视为资源配置效应，因此讨论的资源配置既包括企业内资源配置，也包括企业间资源配置。企业内资源配置指的是资源在企业内的分配，企业将资源是用于研发还是生产。资源用于研发可以提升企业生产率，优化资源配置效率。企业间资源配置指的是资源在不同企业之间的配置，这又包括两个方面：一方面，是存续企业间资源配置。主要体现为企业规模和要素投入的相对变化，将此称为企业间静态资源配置。即不同企业生产率不变，当高生产率企业规模扩大、低生产率企业规模缩小也能够带来加总生产率

① 详细推导过程见本章附录 4。

的提升。另一方面，是企业的进入退出。当新进入企业生产率高于在位企业时，会提升加总生产率；当退出企业生产率低于在位企业时，这些低生产率企业的退出也会提升加总生产率。将这种企业进入退出对加总生产率的影响称为企业间动态资源配置效应，也是有利于提升资源配置效率的。

理论模型中，平均生产率表达式为 $\overline{\varphi}=\left[\int_{\varphi^*}^{+\infty}\mu(\varphi)\varphi^{\sigma-1}d\varphi\right]$ 。当替代弹性一定时，取决于生产率分布 $\mu(\varphi)$ 和临界生产率水平 φ^*。对于企业内资源配置而言，企业研发一方面可以直接提高临界生产率水平 φ^*，提升平均生产率；另一方面，当不同生产率企业研发行为存在异质性时，也会导致生产率分布 $\mu(\varphi)$ 发生变化，改变平均生产率。因此，企业研发通过这两个方面影响资源配置，改变平均生产率。

企业间静态资源配置指的是不同生产率企业规模的相对变化。以企业收益表示企业规模，若高生产率企业收益增加和低生产率企业收益减少视为提升企业间静态资源配置，即要求$\frac{\partial r}{\partial\varphi}>0$。不同生产率企业相对规模的变化，会改变企业生产率分布 μ（φ），进而影响平均生产率。虽然理论模型中只有劳动一种生产要素，但引入更多要素也不改变模型基本结论。对于企业间静态资源配置，也可以进一步考察不同生产率企业各种要素的相对流动。

动态资源配置则是通过企业的市场进入和退出实现。模型中是通过临界生产率水平 φ^* 和生产率分布 μ（φ）的变化实现。一方面，当临界生产率增加时，低生产率企业会退出市场，提升平均生产率；相反，当临界生产率减少时，低生产率企业进入市场会降低平均生产率。另一方面，进入退出的企业不一定都是低生产率企业，当异质性企业有不同的进入退出概率时，生产率分布也会发生变化，进而影响平均生产率。

第三节　比较静态分析

一、一般均衡的影响因素

为了分析环境政策的影响，首先考察影响一般均衡的外生变量。根据式（3-21）、式（3-23）和式（3-24），当替代弹性 σ 视为固定时，则市场中企业数量、企业规模和生产率取决于固定成本、企业平均利润和临界研发成本参数。其中，企业平均利润和临界研发成本参数由零利润条件和自由进入条件决定。因此，最终的均衡取决于外生变量固定成本 f、进入成本 f_e 和企业退出市场概率 δ。对这几个变量分别进行比较静态分析。

当固定成本 f 增加时，零利润条件曲线上移，自由进入条件曲线不变。此时，均衡的临界研发成本参数下降，企业平均利润上升（见图 3-2）。这是由于，当固定成本增加时，零利润条件要求零利润企业要有相对更低的研发成本和更高的生产率才能弥补固定成本。同时，自由进入条件要求企业平均利润与临界研发成本参数反向变化，因此，临界研发成本参数的下降导致整个企业生产率分布发生变化，企业的平均利润增加。

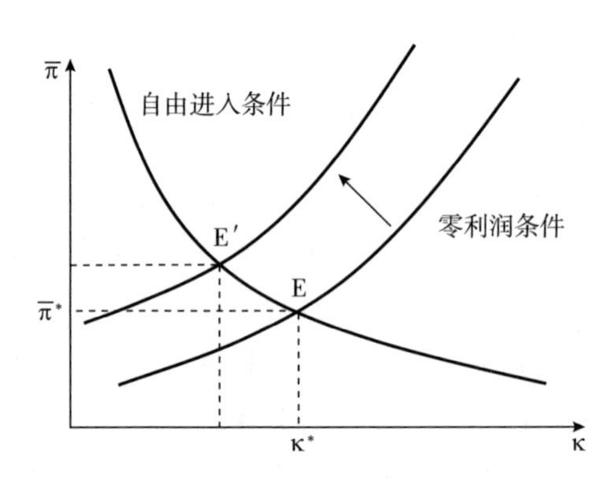

图 3-2　固定成本增加对均衡的影响

当进入成本 f_e 增加时，自由进入条件曲线上移，零利润条件曲线不变。此时，均衡的临界研发成本参数增加，企业平均利润上升（见图 3-3）。这是由于，当进入成本增加时，自由进入条件要求进入企业必须有更高的期望利润才会选择进入市场，期望利润与平均利润和临界研发成本参数的分布函数正相关。同时，零利润条件要求企业的平均利润和临界研发成本参数正相关，因此，进入成本增加时，企业的平均利润和临界研发成本参数同时增加。

当企业退出市场概率 δ 增加时，产生的影响与进入成本增加类似。自由进入条件曲线向上移动，零利润条件曲线不变。此时，均衡的研发成本参数增加，企业平均利润上升。这是由于，企业退出市场概率增加会导致进入市场的期望利润

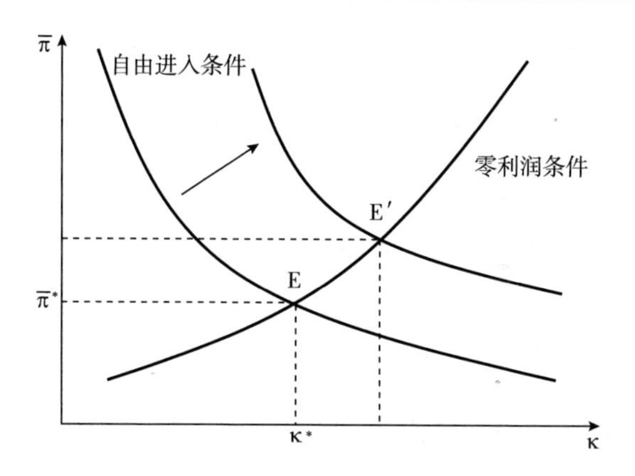

图 3-3　进入成本和退出概率增加对均衡的影响

下降，其他条件不变时，平均利润必须上升以弥补退出概率增加导致的期望利润下降。同时，零利润条件要求企业的平均利润和临界研发成本参数正相关，因此，企业退出市场概率增加时，企业的平均利润和临界研发成本参数也是同时增加的。

二、不同环境政策的差别

1. 环境税政策

环境税（或排污费）是按照排放量进行征收的，当企业的每单位产量有相同的污染排放量时，环境税相当于增加了企业的边际成本。根据零利润条件和自由进入条件，边际成本变化不会影响均衡的临界研发成本参数和企业平均利润。进一步由式（3-21）、式（3-23）和式（3-24）可知，均衡的企业数量、生产规模、生产率和市场进入退出也都不会发生变化。因此，理论模型中环境税政策并不会影响企业内和企业间的资源配置。这和理论模型的设定有关，在垄断竞争和不变替代弹性偏好的设定下，企业按照边际成本加成法则定价。边际成本增加使企业同比例增加产品价格，同时也同比例降低产品的销售量，导致企业的销售收益（企业规模）不变。这种情况下，企业不会改变自己的研发决策，也不会影响企业的市场进入退出情况，市场均衡结果不会发生变化。因此，理论模型中，边际成本的变化对资源配置的影响是中性的。

2. 排放标准类政策

对企业要求强制安装处理设备等以达到环保部门规定的排放标准等政策，影响企业的固定成本。固定成本的增加导致零利润条件曲线上移，自由进入条件不变。均衡的临界研发成本参数下降$\left(\frac{\partial\kappa^*}{\partial f}<0\right)$，企业平均利润上升$\left(\frac{\partial\overline{\pi}}{\partial f}>0\right)$。对平均生产率而言，根据式（3-25），临界研发成本参数下降和企业平均利润上升都有助于提升企业平均生产率。排放标准类政策有助于提升平均生产率。

进一步分析影响平均生产率的不同类型资源配置效应。对于企业生产率和企业内资源配置效应，根据式（3-24），固定成本增加会产生两种效应：第一，通过企业平均利润的增加，提高企业生产率；第二，由于$\sigma>1$和$\frac{\partial\overline{\kappa}}{\partial\kappa^*}>0$，导致固定成本增加会通过研发成本参数的下降，降低企业生产率。因此，排放标准类政策对企业生产率和企业内资源配置的影响不确定，取决于哪种效应更强。

排放标准类政策对企业间静态资源配置的影响，根据式（3-23），研发成本参数对企业规模的影响为：

$$\frac{\partial r(\kappa)}{\partial\kappa}=\sigma^2(1-\sigma)\kappa^{-\sigma}\overline{\kappa}(\kappa^*)^{\sigma-1}(\overline{\pi}+f)<0 \tag{3-26}$$

由于κ和φ负相关，因此得$\frac{\partial r(\varphi)}{\partial\varphi}>0$。即高生产率企业具有相对更大的规模，这和相关实证研究一致。进一步分析排放标准类环境政策对不同生产率企业的影响，根据链式法则对式（3-26）取偏导数，得：

$$\frac{\partial^2 r(\kappa)}{\partial\kappa\partial f}=\sigma^2(1-\sigma)\kappa^{-\sigma}\left[(\sigma-1)\overline{\kappa}(\kappa^*)^{\sigma-2}(\overline{\pi}+f)\frac{\partial\kappa^*}{\partial f}+\overline{\kappa}(\kappa^*)^{\sigma-1}\left(\frac{\partial\overline{\pi}}{\partial f}+1\right)\right] \tag{3-27}$$

排放标准类政策对不同生产率的企业同样会产生两种效应：一是通过临界研发成本参数的下降，降低企业规模，且对低研发成本和高生产率企业影响更大$\left[(\sigma-1)\ \overline{\kappa}\ (\kappa^*)^{\sigma-2}\ (\overline{\pi}+f)\ \frac{\partial\kappa^*}{\partial f}\right]$。这意味着排放标准类政策导致高生产率企业规模相对缩小，不利于提升企业间静态资源配置效率。二是通过企业平均利润的增加，提高企业规模，且对低研发成本和高生产率企业影响更大$\left[\overline{\kappa}\ (\kappa^*)^{\sigma-1}\left(\frac{\partial\overline{\pi}}{\partial f}+1\right)\right]$。这意味着排放标准类政策有利于高生产率企业相对规模增加，提升企业间静态资源配置效率。因此，环境标准类政策对企业间静态资源配置的影响不确定，取决于以上两种效应的相对大小。

对于企业间动态资源配置，来自异质性企业的市场进入退出。从市场进入退出企业看，临界研发成本参数的下降导致高研发成本和低生产率企业将会退出市场，企业平均利润的增加也导致市场中企业数量减少[见式(3-21)]，但企业平均生产率会提高（见本章附录4）。因此，环境标准类政策有利于低生产率企业的退出，提升企业间动态资源配置效率。

3. 规划和计划政策

政府制定的中长期规划或计划政策主要影响的是企业进入成本 f_e 和外生冲击导致的退出概率 δ。当中央或地方政府制定环境保护相关规划和计划政策时，为了实现环保目标会采取审批、环境评价来约束企业的市场进入，增加企业的市场进入成本，同时也会采取行政管制强制污染企业退出市场，增加企业退出市场的概率。

企业进入成本和市场退出概率产生的影响类似。当市场进入成本或者市场退出概率增加时，自由进入条件曲线上移，零利润条件曲线不变。此时，均衡的临界研发成本参数增加，企业平均利润上升。对平均生产率而言，根据式（3-25），由于临界研发成本参数增加和企业平均利润上升对平均生产率的作用相反，导致规划和计划政策对平均生产率的影响不确定，取决于哪种效应更强。

进一步分析影响平均生产率的不同类型资源配置效应。对于企业内资源配置效应，根据式（3-24），$\frac{\partial\varphi}{\partial\kappa^*}>0$ 和 $\frac{\partial\varphi}{\partial\overline{\pi}}>0$。临界研发成本参数增加和企业平均利润上升都会激励企业增加研发，提升生产率。即规划和计划政策有利于提升企业生产率，提升企业内资源配置效率。此外，这种生产率提升作用在不同生产率企业间也有异质性。由于 $\frac{\partial^2\varphi}{\partial\kappa^*\partial\kappa}<0$ 和 $\frac{\partial^2\varphi}{\partial\overline{\pi}\partial\kappa}<0$，即对于低研发成本参数和高生产率企业而言，规划和计划政策对企业研发和生产率的促进作用更强。

为分析企业间静态资源配置，对式（3-26）取偏导数：

$$\frac{\partial^2 r(\kappa)}{\partial\kappa\partial f_e}=\sigma^2(1-\sigma)\kappa^{-\sigma}\left[(\sigma-1)\overline{\kappa}(\kappa^*)^{\sigma-2}(\overline{\pi}+f)\frac{\partial\kappa^*}{\partial f_e}+\overline{\kappa}(\kappa^*)^{\sigma-1}\frac{\partial\overline{\pi}}{\partial f_e}\right] \tag{3-28}$$

$$\frac{\partial^2 r(\kappa)}{\partial\kappa\partial\delta}=\sigma^2(1-\sigma)\kappa^{-\sigma}\left[(\sigma-1)\overline{\kappa}(\kappa^*)^{\sigma-2}(\overline{\pi}+f)\frac{\partial\kappa^*}{\partial\delta}+\overline{\kappa}(\kappa^*)^{\sigma-1}\frac{\partial\overline{\pi}}{\partial\delta}\right] \tag{3-29}$$

由于 $\frac{\partial\kappa^*}{\partial f_e}>0$，$\frac{\partial\kappa^*}{\partial\delta}>0$，$\frac{\partial\overline{\pi}}{\partial f_e}>0$，$\frac{\partial\overline{\pi}}{\partial\delta}>0$，再结合式（3-26）可知，规划和计划政策通过提高临界研发成本参数和企业平均利润，使低研发成本和高生产率企业

规模相对增加更多。因此，规划和计划政策有利于企业间静态资源配置。

企业间动态资源配置，来自异质性企业的市场进入退出。从市场进入退出企业看，临界研发成本参数的增加使更多高研发成本和低生产率企业进入市场，企业平均利润的上升却减少了市场中企业的数量。这意味着高研发成本和低生产率企业的相对增加，低研发成本和高生产率企业的相对减少。因此，规划和计划政策不利于企业间动态资源配置。

第四节　本章小结

本章构建了一个一般均衡的理论模型，在统一的框架下，讨论环境政策的资源配置效应。相对于以往理论研究，本书的理论模型纳入了企业研发，讨论企业互动决定的企业研发和生产率增长、规模变化和进入退出。此外，将最终的加总生产率增长分为来自企业内效应和企业间效应之和，也可以分析加总生产率增长的资源错配来源。在该理论模型下，求解出一般均衡的企业研发和生产率、规模和进入退出。进行比较静态分析，分析环境政策对均衡企业研发和生产率、规模和进入退出的影响，以及由此带来的资源配置效应。

理论研究发现，均衡的企业研发、规模和进入退出取决于企业的成本结构。不同环境政策对企业成本结构的影响不同，进而产生不同的资源配置效应。本章讨论了环境税政策、排放标准类政策、规划和计划政策三种类型的环境政策，研究发现：环境税政策的影响是中性的，其改变企业的边际生产成本，对企业研发和生产率、规模和进入退出都没有影响，对资源配置也没有影响。排放标准类政策改变的是企业的固定成本，总的效应是提升平均生产率的。分解为不同的资源配置效应看，排放标准类政策对企业研发和相对规模的影响都存在两种相反的效应，导致企业内资源配置和企业间静态资源配置效应是不确定的，取决于两种效应的相对大小；排放标准类政策会带来低生产率企业退出市场，有利于企业间动态资源配置效应。规划和计划政策改变的是企业的进入成本和退出风险，有利于企业研发和生产率增长，提升企业内资源配置效应；通过企业间相对规模变化有助于提升企业间静态资源配置效应；但会导致更多低生产率企业进入市场，不利于提升企业间动态资源配置效率。

本章的理论模型通过构建一个一般均衡框架，讨论了三种主要环境政策对资源配置的影响。基于数理模型的理论分析有助于梳理出资源配置产生的内在机制，为实证研究提供理论基础。但也有一定的局限性，模型中对偏好、生产等设定的特殊性，对结论的丰富性产生一定的限制。后续章节将理论和现实相结合，进行更细致的实证研究。

第五节　本章附录

附录 1　平均生产率到平均研发成本参数证明

要证明企业的平均生产率可以由平均研发成本参数表示，需要将生产率分布转化为研发成本参数的分布。对于 φ 分布到 κ 分布的变换，由 κ 的分布函数：

$$G(\kappa)=P(\kappa_x\leqslant\kappa)=P\left(\frac{\Phi}{\varphi}\leqslant\kappa\right)=1-P\left(\varphi<\frac{\Phi}{\kappa}\right) \tag{3-30}$$

对其求导得概率密度函数：

$$v(\kappa)=\mu\left(\frac{\Phi}{\kappa}\right)\frac{\Phi}{\kappa^2} \tag{3-31}$$

由于 $\varphi=\Phi\kappa^{-1}$，将 φ 替换为 κ，得：

$$\begin{aligned}\bar{\varphi}&=\left[\int_{\varphi^*}^{+\infty}\mu(\varphi)\varphi^{\sigma-1}d\varphi\right]^{\frac{1}{\sigma-1}}\\&=\left[\int_{\kappa^*}^{0}\frac{\kappa^2}{\Phi}v(\kappa)(\Phi\kappa^{-1})^{\sigma-1}d\frac{\Phi}{\kappa}\right]^{\frac{1}{\sigma-1}}\\&=\Phi\left[\int_0^{\kappa^*}v(\kappa)\kappa^{1-\sigma}d\kappa\right]^{-\frac{1}{1-\sigma}}\\&=\Phi\bar{\kappa}^{-1}\end{aligned} \tag{3-32}$$

附录 2　自由进入条件证明

企业选择进入市场要求企业进入后的期望利润等于进入成本，即 E（π）= f_e。如果选择进入市场，则进入后选择研发和生产率，只有研发成本低于 κ^* 的企业才能够获得正的利润。利润为负的企业直接退出市场。此外，即使企业进入后利润为正，也仍然面临概率为 δ 的外生冲击而退出市场，因此，企业的期望利润：

$$E(\pi)=G(\kappa^{*})\bar{\pi}(\kappa^{*})+(1-\delta)G(\kappa^{*})\bar{\pi}(\kappa^{*})+(1-\delta)^{2}G(\kappa^{*})\bar{\pi}(\kappa^{*})+\cdots$$

$$=\frac{G(\kappa^{*})}{\delta}\bar{\pi}(\kappa^{*}) \tag{3-33}$$

其中，$G(\kappa^{*})$ 为研发成本低于 κ^{*} 的概率分布函数。利用企业选择市场进入的期望利润等于进入成本 $[E(\pi)=f_{e}]$，整理得：

$$\bar{\pi}(\kappa^{*})=\frac{\delta f_{e}}{G(\kappa^{*})} \tag{3-34}$$

附录 3　企业平均利润推导过程

根据 $p(\varphi)=\frac{\sigma}{\sigma-1}\frac{c}{\varphi}$，得企业收益：

$$r=p(\varphi)q(\varphi)=\frac{\sigma}{\sigma-1}\frac{c}{\varphi}q(\varphi) \tag{3-35}$$

将式（3-9）和式（3-10）中的 $p(\varphi)$ 和 φ^{σ} 代入式（3-8），整理得：

$$\pi=p(\varphi)q(\varphi)-\frac{c}{\varphi}q(\varphi)-f-\kappa\varphi^{\sigma}$$

$$=\frac{\sigma^{2}}{\sigma-1}\frac{c}{\varphi}q(\varphi)-f \tag{3-36}$$

结合式（3-35）消去 $\frac{c}{\varphi}q(\varphi)$，得到以收益和固定成本表示的企业利润 $\pi=\frac{r}{\sigma^{2}}-f$。此时，企业的平均利润为所有企业利润在生产率分布上的积分，即

$$\bar{\pi}=\int\pi(\varphi)\mu(\varphi)d\varphi$$

$$=\int\left(\frac{r}{\sigma^{2}}-f\right)\mu(\varphi)d\varphi$$

$$=\frac{\bar{r}}{\sigma^{2}}-f \tag{3-37}$$

再根据 $\bar{r}=\frac{L}{M}$，替换其中的 $\bar{r}$，得 $\bar{\pi}=\frac{L}{\sigma^{2}M}-f$。

附录 4　企业生产率推导过程

根据式（3-13），为求出企业生产率 φ 的解析解，需要先得到均衡的企业平均利润。为此，将式（3-13）代入 $\bar{\varphi}=\left[\int\mu(\varphi)\varphi^{\sigma-1}d\varphi\right]^{\frac{1}{\sigma-1}}$，得：

$$
\begin{aligned}
\bar{\varphi} &= \left[\int\mu(\varphi)\left(\frac{\sigma-1}{\sigma^2}\frac{L}{M\bar{\varphi}^{\sigma-1}\kappa}\right)^{\sigma-1}d\varphi\right]^{\frac{1}{\sigma-1}} \\
&= \frac{\sigma-1}{\sigma^2}\frac{L}{M\bar{\varphi}^{\sigma-1}}\left[\int\mu(\varphi)\kappa^{1-\sigma}d\varphi\right]^{\frac{1}{\sigma-1}}
\end{aligned}
\tag{3-38}
$$

将式（3-31）代入式（3-38），并交换积分上下限，得：

$$
\begin{aligned}
\bar{\varphi} &= \frac{\sigma-1}{\sigma^2}\frac{L}{M\bar{\varphi}^{\sigma-1}}\left[\int v(\kappa)\frac{\kappa^2}{\Phi}\kappa^{1-\sigma}d\frac{\Phi}{\kappa}\right]^{\frac{1}{\sigma-1}} \\
&= \frac{\sigma-1}{\sigma^2}\frac{L}{M\bar{\varphi}^{\sigma-1}\bar{\kappa}}
\end{aligned}
\tag{3-39}
$$

整理得：

$$
\bar{\varphi}^{\sigma}=\frac{\sigma-1}{\sigma^2}\frac{L}{M\bar{\kappa}}
\tag{3-40}
$$

将其代入式（3-13），得：

$$
\varphi=\left(\frac{\sigma-1}{\sigma^2}\frac{L}{M}\right)^{\frac{1}{\sigma}}\kappa^{-1}\bar{\kappa}^{\frac{\sigma-1}{\sigma}}
\tag{3-41}
$$

根据式（3-21），$\frac{L}{M}=\sigma^2\ (\bar{\pi}+f)$。代入式（3-41），整理得：

$$
\varphi=\frac{(\sigma-1)^{\frac{1}{\sigma}}}{\kappa}\bar{\kappa}^{\frac{\sigma-1}{\sigma}}(\bar{\pi}+f)^{\frac{1}{\sigma}}
\tag{3-42}
$$

其中，$\bar{\kappa}$ 和 $\bar{\pi}$ 由零利润条件和自由进入条件决定，因此这里的 φ 不含内生变量，全部由外生变量决定。

第四章　数据来源及处理

第一节　工业企业数据

一、工业企业数据简介

本书中使用的微观企业数据来自1998~2013年中国工业企业数据库，是我国现有研究中使用最广泛的微观企业数据。中国工业企业数据库是由国家统计局建立，数据主要来自样本企业提交给当地统计局的季报和年报汇总。该数据库的全称为“全部国有及规模以上非国有工业企业数据库”，其样本范围为全部国有工业企业及规模以上非国有工业企业，其统计单位为企业法人。这里的“工业”统计口径包括“国民经济行业分类”中的“采掘业”“制造业”“电力、燃气及水的生产和供应业”三个门类，其中，制造业占90%以上。“规模以上”指的是企业每年的主营业务收入在500万元及以上，2011年该标准改为2000万元及以上。基于上述统计口径的数据库自1998年开始采集，多数学者使用的中国工业企业数据库涉及的年份在1999~2007年（聂辉华等，2012）。由于该数据库的主要成分为制造业企业，在统计口径上与其他国家的产业分类比较一致，而且一些变量也比较容易度量，因此使用者通常析出该数据库中的制造业企业。制造业的统计范围包括农副食品加工业、食品制造业到工艺品及其他制造业、废弃资源和废旧材料回收加工业等30个2位数行业，对应于国民经济行业分类与代码（GB/T 4754—2002）中的代码13~43（不含38）。

1998~2013 年中国工业企业数据库包括 1006909 家企业的 4419660 个观测值。该数据库样本占据了中国工业企业的绝大部分比例。以 2004 年第一次全国经济普查年报为例，当年工业销售额为 218442.81 亿元，而中国工业企业数据库当年全部样本企业销售额为 195600 亿元，约占全国的 89.5%。因此，中国工业企业数据库是除经济普查数据库之外，可获得的最大的企业级数据库。由于每年都有新进入企业和退出企业，企业数量从 1998 年的 165115 家逐年递增到 2013 年的 344875 家，形成非平衡面板数据（见图 4-1）。其中，2004 年和 2008 年分别为第一次和第二次经济普查年份，统计的企业数量更全更准确，数据库中这两个年份的企业数量相对前后年份有较大增长。此外，2011 年规模以上工业企业标准由以前的主营业务收入 500 万元以上改为主营业务收入 2000 万元以上，导致 2011 年数据库中统计的企业数量有所减少。排除这些因素可以看到，进入工业企业数据库的工业企业数量是稳步增长的。由于企业退出、改制、重组等各种原因，只有 18267 家企业（约占样本企业总数的 1.8%）连续出现在 1998~2013 年整个样本期内。

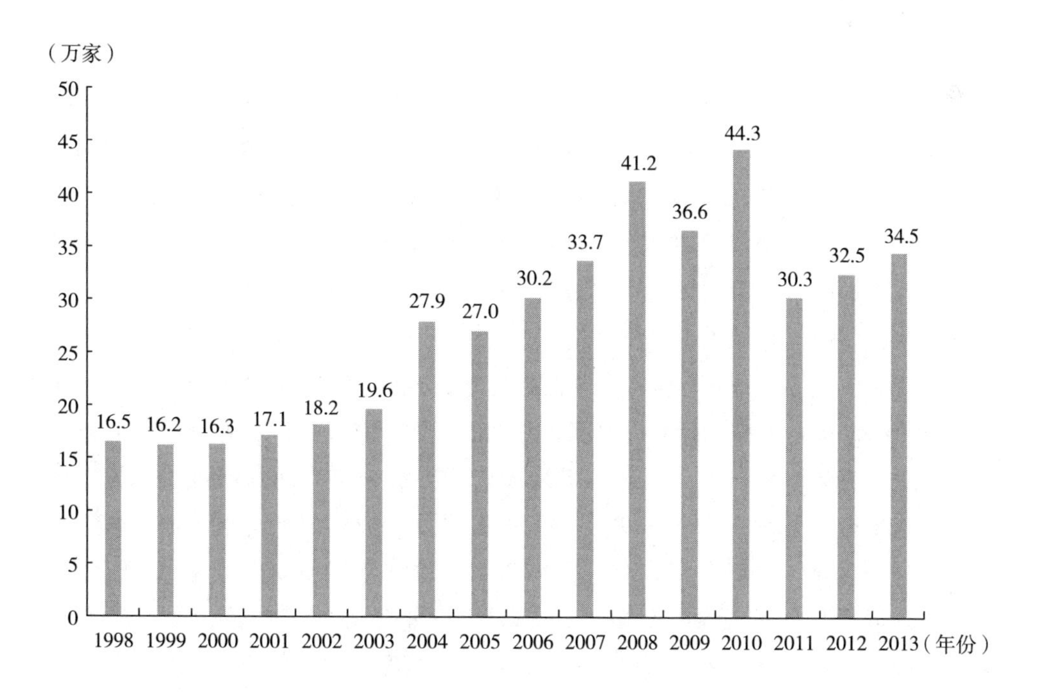

图 4-1　1998~2013 年中国工业企业数据库中企业数量

该数据库包括多达200个企业指标，主要有两类信息：一类是企业的基本情况；另一类是企业的财务数据。企业的基本情况包括年份、企业匹配唯一标识码、组织机构代码、企业名称、省地县码、行业代码、开业年份、从业人员人数等指标。这些基本情况可以识别出企业空间区位、行业类别、具体企业和年份。其中，企业匹配唯一标识码是识别不同年份企业是否为一家企业的唯一标识。企业的财务数据包括工业总产值、工业增加值、固定资产净值、固定资产、主营业务收入、流动资产、实收资本、累计折旧、研究开发费等指标。这些指标并非每年都有，很多指标只在少数甚至个别年份才有。一些关键指标如工业增加值在2007年以后没有统计，1998~2007年指标相对比较统一且更容易获得，因此很多研究使用的是1998~2007年的数据。但考虑到2007年之前数据的时效性较差，且有些研究需要2007年以后的数据，目前学术界也有很多采用1998~2013年的数据进行研究，并对相关指标进行补充和估算（陈诗一和陈登科，2017）。

二、工业企业数据处理

1. 行业代码匹配

1998~2013年工业企业数据库采用的行业分类发生了两次变化，1998~2002年采用的是GB/T 4754—1994行业分类，2003~2011年采用的是GB/T 4754—2002行业分类，2012~2013年采用的是GB/T 4754—2011行业分类。每次行业分类变化都包括行业名称变更、新增行业、删除行业、行业拆分、行业合并。Brandt等（2012）采取的方法是先按照4位数行业匹配，再加总到2位数行业，但是行业拆分和合并导致4位数行业无法做到一对一精确匹配，存在不同分类标准下有些1个4位数行业对应多个4位数行业，或者多个4位数行业对应1个4位数行业的情况。考虑到行业拆分和合并大部分发生在2位数行业内部，而研究中使用的也是2位数行业，因此本书采用以下方法来提高匹配精度：首先，将1998~2002年以GB/T 4754—1994分类的4位数行业代码匹配到GB/T 4754—2002行业分类的2位数代码；其次，将2012~2013年以GB/T 4754—2011分类的4位数行业代码匹配到GB/T 4754—2002行业分类的2位数代码；最后将2003~2011年以GB/T 4754—2002分类的4位数行业加总到2位数行业。经过以上处理得到2位数行业分类一致的数据。

个别4位数代码拆分到多个2位数代码行业中，无法做到多对一匹配。具

体的匹配中，按照行业具体内容选择其主要归类的 2 位数行业。GB/T 4754—2002 中的 43（废弃资源和废旧材料回收加工业）来自 GB/T 4754—1994 的 6290（再生物资回收批发业），而中国工业企业数据库中没有统计非工业企业数据，即 1998~2002 年未统计该行业。为了行业时间上的连续性，同时该行业企业数量也较少，因此所有年份都剔除 43（废弃资源和废旧材料回收加工业）。经过以上处理，最终得到 1998~2013 年 2 位数行业代码 13~42（不含 38）的面板数据。

2. 缺失指标处理

中国工业企业数据库有部分年份的工业增加值缺失。对于工业增加值的估算，现有文献常用的方法是根据会计准则估计工业增加值（聂辉华等，2012）。当工业总产值存在时，估算公式为工业增加值=工业总产值-工业中间投入+增值税；当工业总产值不存在时，估算公式为工业增加值=产品销售额-期初存货+期末存货-工业中间投入+增值税。由于 2004 年工业总产值和工业增加值都缺失，因此首先估算工业销售产值=主营业务产品销售收入+其他业务收入，再估算工业总产值=工业销售产值+年末存货-年初存货，最后得到工业增加值=工业总产值-工业中间投入+应缴增值税。2008~2013 年工业增加值和中间投入指标都缺失，因此既不能直接得到也不能根据会计准则计算工业增加值。由于中国工业企业数据库中工业增加值和工业总产值的比值十分稳定，借鉴陈诗一和陈登科（2017）、王贵东（2018）的做法，以 1998~2007 年工业增加值占工业总产值比例的平均值乘以 2008~2013 年各年工业总产值，推算出 2008~2013 年相应年份的工业增加值。对于 2010 年工业总产值指标也缺失，则首先需要得到工业总产值指标。从会计准则看，虽然营业收入和工业总产值核算方法不同，但一般企业存货每年变化不大，两组数据基本上是一致的。检查历年数据，也发现企业每年的营业收入和工业总产值基本相同。因此，对于 2010 年用营业收入代替工业总产值。

工业增加值的具体估算过程中，先以每个企业的工业增加值占工业总产值比例的平均值乘以 2008~2013 年各年工业总产值，推算 2008~2013 年相应年份的工业增加值。当企业属于 2008~2013 年新进入企业时，没有以往年份的工业增加值数据作为参考，无法得到工业增加值占工业总产值的比例，此时以 2 位数行业工业增加值占工业总产值比例的平均水平为参考，计算企业的工业增加值。通过以上方法估算工业增加值，发现估算的工业增加值和实际工业增加值非常接近

(见表 4-1)。

表 4-1　估算的工业增加值与真实工业增加值之间的误差

年份	真实工业增加值(亿元)	估算的工业增加值(亿元)	误差(%)
1998	15175	15175	0
1999	16776	16769	-0. 04
2000	19623	19614	-0. 04
2001	22225	22200	-0. 11
2002	26234	26212	-0. 09
2003	34072	34034	-0. 11
2004		52176	
2005	56972	56910	-0. 11
2006	72067	71985	-0. 11
2007	93505	93354	-0. 16

对于固定资产净值指标，1998~2007 年报告的是固定资产净值年平均余额，2008~2013 年固定资产净值指标缺失。根据会计准则，对于 2011~2013 年的固定资产净值可以用以下公式推算：固定资产净值=固定资产原价-累计折旧。为了指标一致，对于 1998~2007 年也采用以上方法估算固定资产净值指标。对于 2008~2010 年指标缺失而且也无直接可以推算固定资产净值的相关指标，采用以上类似工业增加值估算的方法。假定企业的固定资产净值和资产总计的比例维持稳定，那么可以用其他年份固定资产净值与资产总计比值的均值乘以 2008~2010 年资产总计，推算 2008~2010 年的固定资产净值。与估算工业增加值类似，先以企业的固定资产净值与资产总计比值为基准估算，属于 2008~2010 年新进入企业并且在 2010 年后退出的企业由于缺乏可以参考的固定资产净值指标，则以 2 位数行业的固定资产净值与资产总计比值为基准估算。通过这种方法，得到估算的固定资产净值和实际固定资产净值相关系数高达 0. 97，可以认为该估算方法得到的估计值较为接近真实值。

对于固定资产投资指标，中国工业企业数据库没有固定资产投资指标。理论上可以采用固定资产净值、固定资产原价、折旧、资本存量等指标通过多种方法

估计得到。例如，鲁晓东和连玉君（2012）采用宏观资本存量核算方法，通过估算资本存量再倒推固定资产投资的方法，即 $I_t=K_t-K_{t-1}+D_t$，其中 K 表示固定资产总值，D 为固定资产折旧。该方法虽然可以估算出固定资产投资，但是由于资本存量本身需要估算，折旧也需要估算，估算的固定资产原价误差较大。为了尽可能利用原始数据得到固定资产投资，根据会计准则，采用固定资产原价估计固定资产投资，即固定资产投资=固定资产原价-上一年固定资产原价。其中，2008~2010 年固定资产原价指标缺失，采用与估计固定资产净值相同的方法得到。

对于从业人员人数，工业企业就业数据中，不同年份分别汇报从业人员人数、年末从业人员人数和全部从业人员年平均人数三个指标。从业人员人数与年末从业人员人数含义相同，可以看作相同指标。企业每年就业人数变化不大，年末从业人员人数和全部从业人员年平均人数也基本相同。具体处理过程中，首先以全部从业人员年平均人数为主，缺失年份的用年末从业人员人数和从业人员人数来代替。

3. 异常值处理

为尽可能保留更多观测值，仅对需要用到的核心指标的异常值进行处理。首先，剔除工业增加值、固定资产净值、年末从业人数三个核心指标缺失的企业，剔除工业增加值、固定资产净值、年末从业人数为负的企业，剔除省地县码缺失的企业；其次，参考谢千里等（2008）、聂辉华等（2012）的处理，剔除年末从业人数小于 8 人的企业，认为这些企业缺乏可靠的会计系统。为了防止剔除样本导致增加企业进入退出率，在剔除过程中只要有某一年企业符合以上剔除条件，该企业所有年份的观测值都要被剔除，即剔除的是企业而非企业在某年的观测值。考虑到企业识别中可能存在登记错误导致一家企业被错误识别为多家企业的情况，剔除数据库中在中间年份只出现一年的企业，剔除数据库中不连续存在的企业。其中，只存在一年的企业有 182121 家，占数据库中企业数量的比重高达近 18.1%。这一方面是由于 2004 年和 2008 年作为经济普查年份，在这些年份识别出过多的企业，而其他年份并没有进入数据库；另一方面是由于数据匹配问题导致某个企业被错误识别为不同的多个企业。例如，一家连续存在的企业如果某一年企业代码错误会被识别为一家只存在一年的企业和一家不连续存在的企业。因此，剔除只存在一年和不连续存在的企业在一定程度上可以避免对不同类型企业数量错误识别的问题。以上各处理过程中剔除样本情况如表 4-2 所示。

表 4-2　不同阶段剔除观测值数量　　单位：个

剔除原因	剔除观测值	剔除观测值占比	剩余样本量
数据库原有观测值和企业			4419660 (1006909)
保留行业代码 13~42（不含 38）的制造业行业，剔除其他行业	336835 (21830)	7.6%	4082825 (985079)
剔除工业增加值、固定资产净值、年末从业人数缺失或小于 0 的企业，剔除年末从业人数小于 8 人的企业，剔除省地县码缺失的企业	631094 (183085)	14.3%	3451731 (801994)
剔除只存在一年和不连续存在的企业	481193 (231562)	10.9%	2970538 (570432)
累计	1449122 (436477)	32.8%	

注：括号中为企业数。

4. 企业开业成立时间

正常情况下，同一企业在不同年份登记的开业成立时间应该相同。然而，1998~2013 年中国工业企业数据库中有很多企业不同年份报告的开业成立时间不同，这一般是由登记错误导致的。对于不同年份报告开业成立时间不同的企业，本书处理过程如下：首先，选择企业登记次数最多的年份作为开业成立时间，当一个企业有多个开业成立年份出现次数相同时，选择年份较早的作为开业成立时间；其次，如果企业登记的开业成立时间大于企业首次在数据库中出现的年份时，则说明登记的开业成立时间错误，将其改为企业首次出现在数据库中的时间；最后，对于企业登记的开业成立时间早于 1990 年的，将其统一到 1990 年。由于大部分企业存续时间都比较短，开业成立时间早于 1990 年的企业并不多，且 1990 年用于后续估计 1998 年的资本存量影响不是很大，因此将开业成立时间早于 1990 年的企业的开业成立时间统一到 1990 年对结果影响不大。

三、指标实际值的估算

现有研究对企业资本存量的估算主要有以下几种方法：第一，直接使用固定资产原价或者固定资产净值代替企业的实际资本存量（Hsieh and Klenow，2009；李春顶，2010；李玉红等，2008）；第二，使用固定资产投资价格指数对固定资产净值进行价格平减得到实际资本存量（谢千里等，2008）；第三，先估算企业成立以来每年的固定资产投资和折旧，按照价格指数折算为实际值，再用永续盘存法推算历年资本存量（Brandt et al.，2012）。

事实上，企业的固定资产是由不同年份的投资扣除折旧累积而成，而不同年份的投资对应的价格指数不同，因此不能够直接用价格指数折算为实际值。采用永续盘存法得到的资本存量更准确。然而，Brandt 等（2012）的估算方法要同时估算投资和折旧，先用当年固定资产原价和上一年固定资产原价之差计算得到投资，再设定一个折旧率估算资本存量的折旧，所有企业设定相同的折旧率不符合现实。张天华和张少华（2016）指出可以采用固定资产净值来推算资本存量，以避免估计折旧。参考其方法，本书估算资本存量具体过程如下：

首先，需要估算企业成立以来历年的固定资产净值。由于数据库是 1998 年以后的，企业 1998 年以前的固定资产净值未知。假定 1998 年以前企业固定资产净值增长率和 1998 年以后固定资产净值增长率不变，采用 1998~2007 年 2 位数行业制造业固定资产净值增长率来推算企业成立以来企业固定资产净值。同时，考虑到企业进入退出对行业加总固定资产净值的影响，仅选择 1998~2007 年一直存续的企业来计算 2 位数行业固定资产净值增长率。其次，通过式（4-1），计算基期实际资本存量：

$$K_{it_o}=\frac{NVFA_{it_d}}{P_{t_o}(1+g_{it})^{(t_d-t_0)}} \tag{4-1}$$

其中，NVFA 为企业首次出现在数据库中年份的固定资产净值，P 为以 1990 年为基期的固定资产投资价格指数，t_o 为企业成立年份，t_d 为企业首次出现在数据库中的年份，g 为固定资产净值增长率。通过式（4-1）可以推算得到企业成立年份的固定资产净值，并折算为以 1990 年为基期的实际值，即为企业成立期初的实际资本存量。

再次，在得到初期企业实际资本存量后，再按照永续盘存法对各期进行价格平减得到其他年份的实际资本存量。具体公式如式（4-2）所示：

$$K_{it}=K_{t-1}+\frac{NVFA_{it}-NVFA_{it-1}}{P_t} \tag{4-2}$$

其中，当年固定资产净值和上一年固定资产净值之差等于当年固定资产投资扣除当年折旧，可见采用固定资产净值来估算资本存量可以避免人为主观估算折旧。

工业增加值和工业总产值用工业生产者出厂价格指数折算为实际值；投资用当

年固定资产原价合计与上一年固定资产原价合计相减计算，并用固定资产投资价格指数折算为实际值；工业中间投入用工业生产者购进价格指数折算为实际值。

第二节　环境政策数据

一、“十一五”期间全国主要污染物排放总量控制计划

面对环境恶化，中央曾出台一系列环境保护法律法规和政策，以减少污染物排放和改善环境。环境政策种类繁多，既包括环境税、排污权交易等市场化的方法，也包括政府的行政管制与环境发展规划和计划。长期以来，发展规划和计划在中国经济社会发展中具有重要作用（胡鞍钢等，2010，2011；徐现祥和刘毓芸，2017；李书娟和徐现祥，2021）。其中，最典型的是五年计划和规划[①]。对于环境保护，也有相应的发展规划和计划。这种发展规划和计划中会制定环境目标，中央到地方政府再通过多种环境政策完成规划中的环境目标。

面临环境的不断恶化，“十五”期间中国首次将全国主要污染物排放总量降低10%纳入五年计划。可是由于没有将指标分配到各省，对地方政府履行环保职责也缺乏有效监督考核，导致该计划最终未能实现减排目标。“十五”期间全国二氧化硫排放总量不但没有减少，反而增加了28%（Schreifels et al.，2012；Shi and Xu，2018）。这是因为，地方政府同时面临经济增长和环境保护目标时，如果对环境目标缺乏有效的监督和激励，那么地方政府会更倾向完成可考核的经济目标，引起中央到地方目标不一致的委托代理问题（Chen et al.，2018；Greenstone et al.，2022）。

吸取“十五”经验教训，“十一五”期间同样制定了《“十一五”期间全国主要污染物排放总量控制计划》（以下简称《计划》）。《计划》要求“十一五”期间国家对化学需氧量、二氧化硫两种主要污染物实行排放总量控制计划管理，排放基数按2005年环境统计结果确定。计划到2010年，全国主要污染物排放总量比2005年减少10%，具体是：化学需氧量由1414万吨减少到1273万吨；二

① 中国从1953年开始制定第一个“五年计划”。从“十一五”起，“五年计划”改为“五年规划”。

氧化硫由2549万吨减少到2294万吨。该《计划》是《中华人民共和国国民经济和社会发展第十一个五年规划纲要》确定的约束性指标，《计划》确定的化学需氧量和二氧化硫分省份排放总量控制指标均不得突破①。

"十一五"规划与"十五"计划不同的是，中央政府为保障全国主要污染物排放总量控制目标实现，进一步将缩减指标分解落实到各省，要求各省将《计划》确定的主要污染物总量控制指标纳入本地区经济社会发展"十一五"规划和年度计划，并进一步分解落实到市、县和排污单位。同时，中央也加强了对计划执行情况的监督。环保总局、统计局、发展和改革委员会要每半年向社会公布各省（区、市）主要污染物的排放总量，并会同监察部对《计划》完成情况进行年度检查和考核，向国务院报告。从2006年开始，环保总局、统计局、发展和改革委员会每半年向社会公布各地区化学需氧量和二氧化硫排放情况，并会同有关部门进行年度检查和考核；2008年对《计划》执行情况进行中期评估，2010年进行期末考核，将评估和考核结果向社会公布。考核结果作为对各省、自治区、直辖市人民政府领导班子和领导干部综合考核评价的重要依据，实行问责制和"一票否决"制。对考核结果为通过的，国务院环境保护主管部门会同发展和改革委员会、财政部门优先加大对该地区污染治理和环保能力建设的支持力度，并结合全国减排表彰活动进行表彰奖励；对考核结果为未通过的，国务院环境保护主管部门暂停该地区所有新增主要污染物排放建设项目的环评审批，撤销国家授予该地区的环境保护或环境治理方面的荣誉称号，领导干部不得参加年度评奖、授予荣誉称号等；对未通过且整改不到位或因工作不力造成重大社会影响的，监察部门按照《环境保护违法违纪行为处分暂行规定》追究该地区有关责任人员的责任②。

《计划》通过将总量目标分解到各省份，并对地方官员进行监督和考核，这种政治激励有助于地方官员加强环境规制，以减少目标污染物的排放（Wu et al.，2017；Chen et al.，2018；Karplus et al.，2021）。图4-2绘出了"十五"计划和"十一五"规划期间主要污染物排放情况，在2006年《计划》制定并分解到各省份后，全国化学需氧量和二氧化硫排放量大幅下降。"十一五"期

① 资料来源：《国务院关于"十一五"期间全国主要污染物排放总量控制计划的批复》（国函〔2006〕70号）。

② 资料来源：《国务院批转节能减排统计监测及考核实施方案和办法的通知》（国发〔2007〕36号）中的《主要污染物总量减排考核办法》。

间，全国二氧化硫排放总量下降 14.3%，化学需氧量下降 12.5%，已超过《计划》控制的 10% 的减少幅度。从各省份对分解目标的完成情况看，31 个省份（不含港澳台，下同）都完成了减排任务。中央对地方的这种监督检查和政治激励对地方政府落实中央的环境目标和减少污染排放起到关键作用。

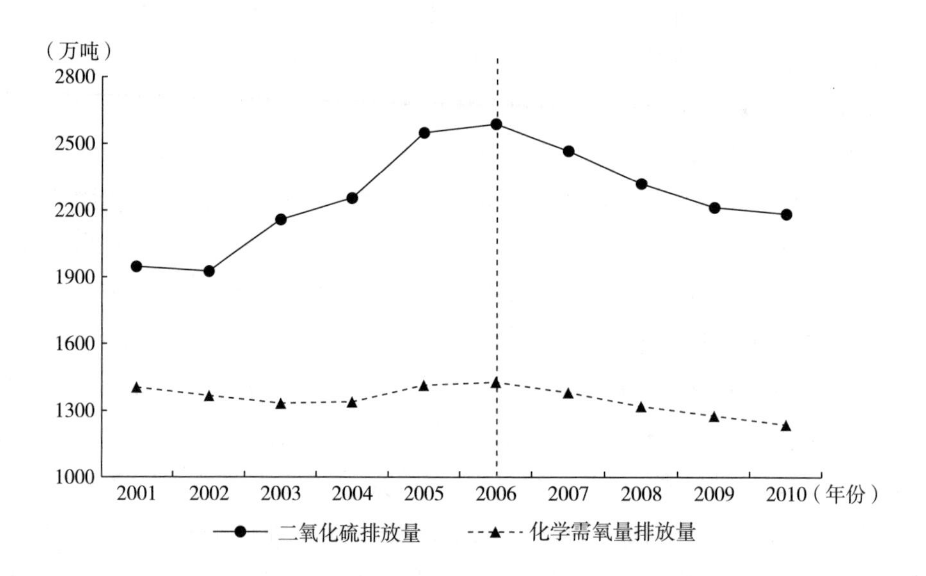

图 4-2　政策实施前后全国主要污染物排放量变化

二、主要污染物排放控制计划的分配

《计划》要求“十一五”期间全国化学需氧量和二氧化硫排放均减少 10%，但分解到省级层面，不同省份承担的减排比例不同。按照《国务院关于“十一五”期间全国主要污染物排放总量控制计划的批复》，全国主要污染物排放总量控制指标的分配原则是：在确保实现全国总量控制目标的前提下，综合考虑各地环境质量状况、环境容量、排放基数、经济发展水平和削减能力以及各污染防治专项规划的要求，对东、中、西部地区实行区别对待。

图 4-3 和图 4-4 列出了中央对各省份分配的减排目标。从东、中、西部来看，呈现与各区域经济发展水平一致的梯度特征。总体上，东部地区的减排比例高于中部和西部，中部又高于西部。这和东部地区排放基数较大和对污染物的削减能力较强有关。从东、中、西部各省份来看，同一区域内不同省份之间的减排

比例也有较大差别。例如，对于化学需氧量减排来说，东部地区的江苏、浙江、河北的减排目标为15%左右，而同为东部地区的福建却只有4.8%；西部地区的宁夏减排目标是14.7%，而同为西部且经济发展水平相当的青海却为0。

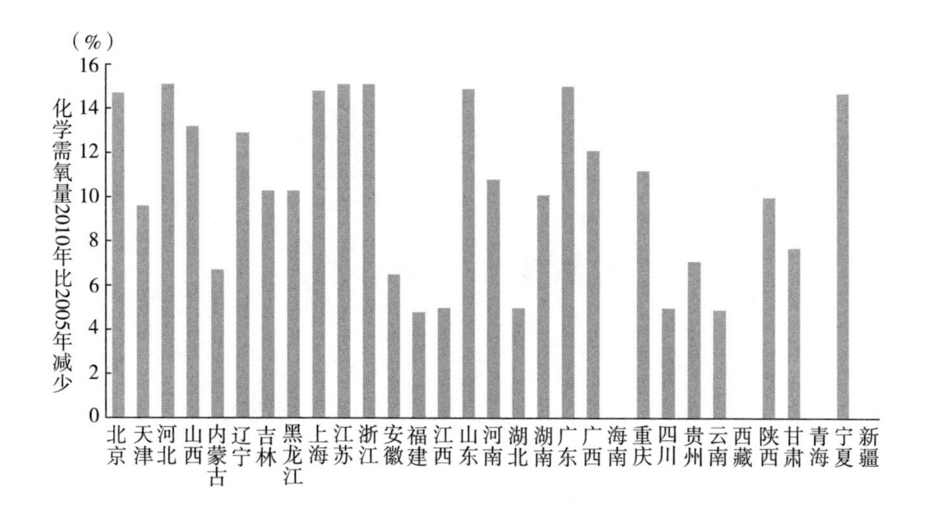

图4-3　中央对各省份分配的化学需氧量减排比例

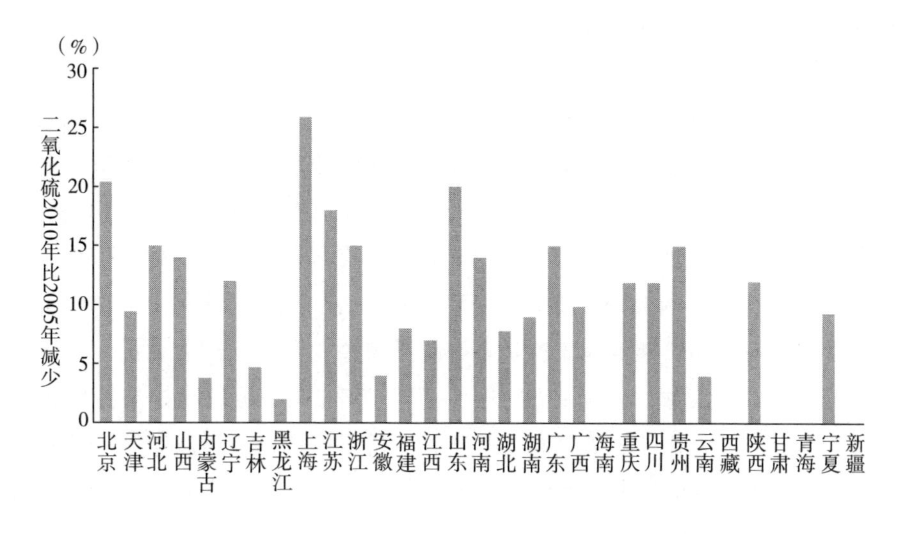

图4-4　中央对各省份分配的二氧化硫减排比例

《计划》中中央分配给各省份减排比例不同，可以作为一个检验环境政策影响的自然实验。第一，该环境政策相对外生，主要是政府为了实现环境保护的目标而指定的，与各地企业的行为关系不大。第二，环境政策有清晰的时间断点，2006年环境政策执行之后，对地方政府环境规制行为以及进而引起的企业行为产生影响。地方政府和企业在《计划》前并没有预知该政策，即没有政策前效应。第三，中央分配给各省份的减排比例不同，构成了省级层面环境规制力度的差异。分配的减排比例越高，地方政府面临的减排压力越大，通过各种环境政策和规制方法实行更为严格的环境规制，对企业行为也会产生更大的影响。因此，可以通过时间和省级层面的差异构造计量经济模型，实证识别环境政策的影响。

第三节　本章小结

本章介绍了研究采用的数据和对数据的处理过程。实证研究中主要用到的数据有：1998~2013年中国工业企业数据，“十一五”期间主要污染物排放控制计划数据。对中国工业企业数据进行了细致的处理，包括异常值处理、代码匹配、缺失指标估算等。对“十一五”期间主要污染物排放控制计划的政策背景、激励机制和对各省份的分配进行了介绍。

以往研究受制于数据可得性和数据质量，多采用1998~2007年中国工业企业数据，导致企业数据和环境政策匹配效果不好（《计划》是2006年执行，政策实施后只有两年的数据）。2007年之后的部分年份企业数据缺少包括工业增加值、固定资产等主要指标，导致很多研究无法使用。本书参考国内外相关研究的估算方法，并进行了改进，估算了工业增加值、资本存量等主要指标。将数据拓展到1998~2013年，跨越整个“十一五”期间，既丰富了研究样本，也可以研究环境政策的短期和长期效应。这是本书对微观企业数据处理方面的一个创新和贡献。对于环境政策数据，采用的“十一五”期间主要污染物排放控制计划中中央对各省份分配之化学需氧量和二氧化硫减排目标数据，该政策和企业行为关系不大，且有明确的时间断点和省级层面差异，可以作为一个良好的检验环境政策效应的自然实验。

本书后续章节除有交代的数据集外，实证研究采用的数据都是本章的中国工业企业数据和环境政策数据，处理方法也是本章的处理方法。

第五章　制造业资源错配的测算

第一节　企业生产率计算

一、企业生产率估计方法

生产率估计有参数法和非参数法。参数法是预先设定生产函数，再利用回归方法估计出生产函数中的系数，进而计算生产率；非参数法有 DEA 方法，基于企业数据构造技术前沿面，将每个企业与前沿面对比得到生产率。这两种方法各有优劣，参数方法估计出的生产率来自理论模型对生产函数的设定，可以和理论模型一致，更有说服力；而非参数方法则基于数据驱动不需要估计生产函数，可以避免生产函数错误设定的问题。尽管如此，两种方法估计出的生产函数一般也是高度相关的。为了与理论模型一致，本书采用参数方法估计企业生产率。

参数方法估计生产率基于柯布—道格拉斯生产函数和索洛模型，早期一般采用 OLS 回归得到资本和劳动的产出弹性，并得到残差作为企业生产率。但由于企业生产率和企业要素投入和市场生存率之间存在相关性，会导致估计内生性问题，进而导致估计的生产率不一致。具体来看，生产率估计中会存在同时性偏差和样本选择偏差：一方面，资本存量高的大企业往往具有更高的生产率，面对正向的生产率冲击企业也会增加投资，这会导致生产率和资本存量正相关，导致估计系数的上偏和不一致，即同时性偏差。另一方面，企业退出市场的概率也和企业资本存量相关。一般来说，如果企业资本存量较高，那么在面对负面冲击时，其留在该市场的概率要高于那些较低资本存量的企业。这就使得在面对负面冲击时退出市场的概率和企业资本存量存在负相关关系，从而使得资本项的估计系数下偏和不一致，即样本选择偏差。Olley 和 Pakes（1996）提出用投资代理不可观测的生产率冲击，并估计生存模型来解决同时性偏差和样本选择偏差，即 OP 方法。设定生产函数：

$$y_{it}=\beta_0+\beta_l l_{it}+\beta_k k_{it}+u_{it} \tag{5-1}$$

$$u_{it}=\Omega_{it}+\eta_{it} \tag{5-2}$$

其中，y、l、k 分别为产出、劳动和资本的对数，Ω 为企业决策者知道但是研究者不知道的生产率，η 为随机扰动项。由于企业的投资决策受到生产率和资本存量的影响，即 $I_{it}=I(\Omega_{it}, K_{it})$。因此，通过求反函数，生产率 Ω 可以表示为：

$$\Omega_{it}=I^{-1}(I_{it}, K_{it})=h(I_{it}, K_{it}) \tag{5-3}$$

将式（5-2）和式（5-3）代入式（5-1），得到：

$$y_{it}=\beta_l l_{it}+\varphi(i_{it}, k_{it})+\eta_{it} \tag{5-4}$$

式中，$\varphi(i_{it}, k_{it})=\beta_0+\beta_k k_{it}+h(i_{it}, k_{it})$，估计过程中可以通过多项式展开或者半参数估计。由于式（5-4）中所有解释变量与扰动项无关，通过第一步估计，可以得到劳动产出弹性的一致估计 β_l。第二步需要估计生产概率模型，来纠正样本选择偏差。由于企业是否继续生存取决于其上一期的生产率是否大于临界生产率，而临界生产率又取决于企业的资本存量和投资。因此，可以将企业生存对资本和投资及其多项式进行回归，得到预测的企业生存概率 $\hat{P}$。

第三步估计以下方程：

$$y_{it}-\hat{\beta}_l l_{it}=\beta_k k_{it}+g(\hat{\varphi}_{t-1}-\beta_k k_{i,t-1}, \hat{P}_{it})+\xi_{it}+\eta_{it} \tag{5-5}$$

式中，$g(\cdot)$类似于样本选择模型中的逆米尔斯比，接近于 $\hat{\varphi}_{t-1}-\beta_k k_{i,t-1}$ 和 $\hat{P}_{it}$ 的二阶多项式展开。OP 方法由于采用了三阶段估计，得到的标准误不可直接使用，需要采用 Bootstrap 方法模拟得到标准误。

OP 方法解决了同时性偏差和样本选择偏差，成为估计企业生产率常使用的方法。但也存在一些问题，一些学者陆续提出了其他方法。主要有 LP 方法、ACF 修正方法、ROB 方法、WRDG 方法等。OP 方法用投资来代理生产率，要求投资和生产率之间有相关关系，但是企业可能很多年份是不投资的，那么这些样本将不能被估计。为此，Levinsohn 和 Petrin（2003）对 OP 方法进行了改进，其核心思想是：不再用投资作为代理变量，而是代之以中间投入作为代理变量。LP 方法可以使研究者根据可得数据灵活选择代理变量。OP 方法和 LP 方法都假设企

业面对生产率冲击能够对投入进行无成本的即时调整。Ackerberg 等（2015）则认为劳动（自由变量）的系数只有在自由变量和代理变量相互独立的情况下才能得到一致估计。否则第一步的估计系数之间将存在严重共线性。针对此问题，他们提出了 ACF 修正方法。在满足 ACF 的情况下，如果存在投入的时滞效应，那么第一阶段的方程无法识别任何参数，这时候需要用到 Robinson（1988）的 IV 估计方法。Wooldridge（2009）对 OP 方法和 LP 方法的估计方法进行了改进，提出了基于 GMM 的一步估计法，通过工具变量法一致估计资本和劳动产出弹性，该方法具有两个特点：第一，克服了 ACF 提出的在第一步估计中潜在的识别问题；第二，在存在序列相关和异方差情况下，仍然能够得到稳健的标准误。尽管滞后的自由变量和状态变量是潜在的有效工具变量，但是采用滞后值会减少样本数量，尤其是在数据结构为"大 N 小 T"的情况下。为此，Mollisi 和 Rovigatti（2017）提出采用 Blundell 和 Bond（1998）的动态面板模型可以有效解决这个问题。

二、企业生产率估计结果

1. 不同方法估计结果比较

企业生产率估计使用工业增加值作为产出指标，资本存量和从业人员人数作为两种要素投入，OP 方法和 LP 方法中还需要使用投资和工业中间投入作为代理变量。相关变量的描述性统计如表 5-1 所示。尽管前期数据处理中已经剔除了异常值，但是还有一些数据异常，这很可能是错报或者数据录入错误引起的，比如资本存量为 0 的数据、主要变量的极端值，以及资本存量非常高而从业人数很少的数据等。理论上，这些极端值和异常值可能会影响估计结果，但人为剔除极端值又会使变量原有的分布被截断，导致回归结果的有偏和不一致。实际研究中发现剔除主要变量首位各 5%的观测值，对生产率估计中估计参数变化影响不大。因此不对这些极端值做处理，而是在回归得到生产率后剔除生产率的极端值。

表 5-1　生产率估计中主要变量描述性统计

	样本量	均值	标准差	最小值	最大值
工业增加值（万元）	3010332	1637.931	15198.421	0.003	4561780.000
资本存量（万元）	3010299	1645.569	19462.063	0.000	4915034.500
从业人员人数（人）	3010332	272.533	968.413	8.000	198971.000
固定资产投资（万元）	1827924	588.812	9959.124	0.000	5752780.000

续表

	样本量	均值	标准差	最小值	最大值
工业中间投入合计（万元）	1476263	2244.635	20146.706	0.032	5551989.500

企业生产率估计方法众多，各种方法各有优劣（Van Beveren，2012）。为了检验各种方法对生产率估计效果，本书选择了 OLS、FE、OP、OPACF、LP、LPACF、WRDG、ROB 共八种方法分别估计 1998~2013 年中国工业企业生产率，得到的估计系数如表 5-2 所示，得到的生产率分布如图 5-1 所示。尽管中国工业企业数据处理中已经剔除了部分缺失值和异常值，但仍然有很多企业填报的财务数据和基本信息数据有问题，导致生产率估计中有些企业的生产率过高或过低，分布的尾部较长，极端值较多。从分布上看，几种估计方法得到的核密度分布形状接近，均值不同。OLS 估计得到的生产率均值最小。这是因为 OLS 方法加入了常数项，相对于其他方法相当于将整个分布进行了一个偏移。WRDG、ROB 方法得到的分布接近，均值最大。其他几种方法得到的生产率分布处于中间位置。

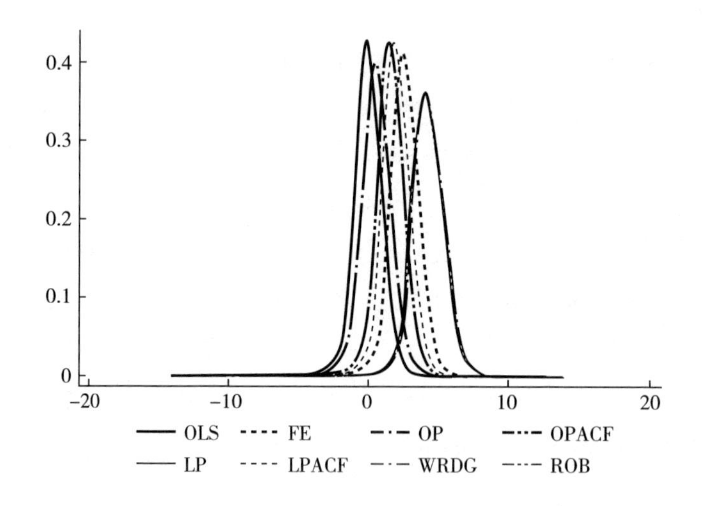

图 5-1　几种常用方法得到的全要素生产率对数核密度

表 5-2　几种常用生产率估计方法的估计系数比较

	OLS	FE	OP	OPACF	LP	LPACF	WRDG	ROB
lnk	0.352*** (0.000)	0.309*** (0.001)	0.619*** (0.001)	0.453*** (0.002)	0.210*** (0.001)	0.291*** (0.001)	0.215*** (0.001)	0.230*** (0.002)

续表

	OLS	FE	OP	OPACF	LP	LPACF	WRDG	ROB
lnl	0.476*** (0.001)	0.354*** (0.001)	0.409*** (0.001)	0.399*** (0.002)	0.138*** (0.000)	0.498*** (0.000)	0.113*** (0.001)	0.105*** (0.002)
N	3010299	2954360	1609726	1609726	1476242	1476242	1111694	1111694

注：括号中为稳健的标准误，*** 表示显著性水平为 1%。

表 5-3 列出了八种方法得到的生产率估计相关系数，几种方法得到的生产率相关性较大。其中，OLS 和 FE 方法作为基准方法，未纠正同时性偏差和样本选择偏差，得到的生产率相关性较高，与其他方法得到的生产率相关性也较高。其他方法通过选择不同代理变量和不同估计方法得到的生产率相关性略低，除了 WRDG 和 ROB 方法之间系数性非常高，相关系数接近 1 之外，OP、LP 以及采用 ACF 方法纠正得到的生产率相关性并不是非常高。因此，不同方法对生产率估计有一定影响。

表 5-3　几种常用方法得到的生产率相关系数

	OLS	FE	OP	OPACF	LP	LPACF	WRDG	ROB
OLS	1.000							
FE	0.984	1.000						
OP	0.932	0.872	1.000	1.000				
OPACF	0.991	0.967	0.968	1.000				
LP	0.886	0.954	0.701	0.852	1.000	1.000		
LPACF	0.996	0.991	0.898	0.977	0.910	1.000		
WRDG	0.880	0.950	0.694	0.846	1.000	0.904	1.000	
ROB	0.884	0.952	0.704	0.852	1.000	0.907	1.000	1.000

综合来看，本书选择处于中间位置的 OP 方法作为主要方法度量企业生产率。主要有以下几方面原因：第一，OP 方法得到的资本产出弹性和劳动产出弹性系数之和最接近 1，和理论上规模报酬不变的生产函数一致。第二，尽管生产率估计方法不同，但是不同方法得到的生产率有较高相关程度。第三，即使对生产率的度量有偏差，这种对所有企业都会产生影响的系统性偏差是相对的，不会对后续的比较分析产生太大影响。

2. 分行业 OP 法估计生产率

理论上，在进行生产率估计时不同行业不能放在一起回归。因为中国制造业行业划分是根据产品和生产技术不同划分的，不同行业的生产技术是不同的。基于柯布—道格拉斯生产函数将不同行业的企业放到一起回归就认为假定不同行业具有相同的资本和劳动产出弹性，这不符合实际。对中国制造业生产率估计中，杨汝岱（2015）便是将制造业按照 2 位数行业划分分别估计。为了估计的准确性，本书将制造业按照 2 位数行业划分分别估计，得到每个行业特定的资本和劳动产出弹性（见表 5-4）。

表 5-4　分行业生产率估计资本和劳动产出弹性

2 位数行业代码	行业名称	资本产出弹性	劳动产出弹性	估计中使用样本量
13	农副食品加工业	0.443	0.468	92677
14	食品制造业	0.496	0.500	34832
15	饮料制造业	0.548	0.479	23863
16	烟草制品业	0.534	0.408	1559
17	纺织业	0.436	0.438	139760
18	纺织服装、鞋、帽制造业	0.384	0.493	73194
19	皮革、毛皮、羽毛（绒）及其制品业	0.420	0.418	36992
20	木材加工及木、竹、藤、棕、草制品业	0.429	0.479	35271
21	家具制造业	0.423	0.521	21107
22	造纸及纸制品业	0.470	0.441	44931
23	印刷业和记录媒介的复制	0.529	0.529	28194
24	文教体育用品制造业	0.366	0.473	21550
25	石油加工、炼焦及核燃料加工业	0.585	0.283	10676
26	化学原料及化学制品制造业	0.508	0.352	119682
27	医药制造业	0.465	0.455	31883
28	化学纤维制造业	0.551	0.392	8531
29	橡胶制品业	0.557	0.371	20003
30	塑料制品业	0.508	0.449	78187
31	非金属矿物制品业	0.562	0.349	132070

续表

2位数行业代码	行业名称	资本产出弹性	劳动产出弹性	估计中使用样本量
32	黑色金属冶炼及压延加工业	0.462	0.404	34542
33	有色金属冶炼及压延加工业	0.363	0.296	17030
34	金属制品业	0.445	0.437	92942
35	通用设备制造业	0.523	0.419	142638
36	专用设备制造业	0.524	0.423	69432
37	交通运输设备制造业	0.484	0.464	79164
39	电气机械及器材制造业	0.479	0.431	109999
40	通信设备、计算机及其他电子设备制造业	0.413	0.484	57306
41	仪器仪表及文化、办公用机械制造业	0.432	0.404	22075
42	工艺品及其他制造业	0.376	0.445	29642

从表5-4可以看出，不同行业资本和劳动产出弹性有差异。例如，纺织业和纺织服装、鞋、帽制造业资本产出弹性分别为0.436和0.384，而石油加工、炼焦及核燃料加工业和非金属矿物制品业资本产出弹性则高达0.585和0.562，反映了这些行业生产技术上的差别。纺织业作为轻工业，资本对产出的贡献也小于石油行业以及非金属矿物制品业这类重工业。同样地，纺织业和纺织服装、鞋、帽制造业劳动产出弹性较高，分别为0.438和0.493，而石油加工、炼焦及核燃料加工业和非金属矿物制品业的劳动产出弹性较低，分别为0.283和0.349，同样反映了轻工业和重工业之间在劳动对产出贡献上的显著差别。这也表明了不同行业资本和劳动的产出弹性有显著不同，应该分行业分别进行估计，再计算企业生产率才是准确的。

由于一些企业在某些年份存在数据错误，估计得到的生产率存在异常值。为此，剔除首位各0.25百分位的数据（企业），剔除也是按照企业剔除的。即如果一个企业在任何年份存在异常值，那么这个企业所有年份的数据都剔除，以防计算企业进入退出时高估进入退出率。剔除异常值后，得到的生产率核密度分布如图5-2所示。生产率均值为1.25，分布较为集中，绝大部分企业生产率集中在均值附近。

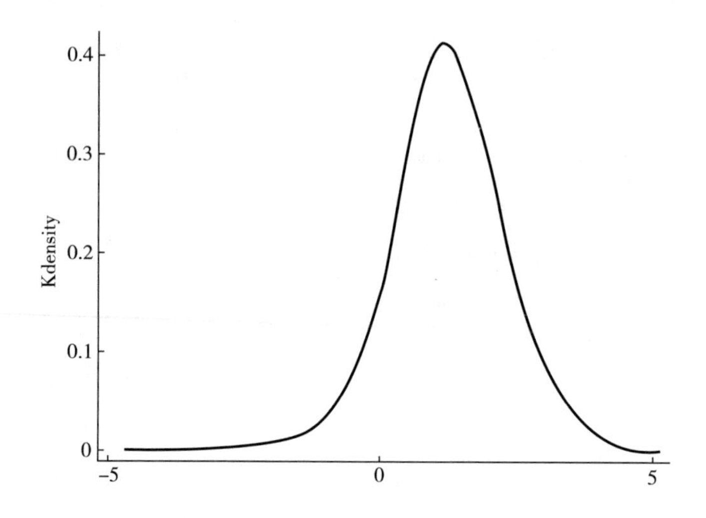

图 5-2　OP 方法估计全要素生产率对数核密度

利用估计的企业生产率计算平均生产率增速。1998~2013 年全要素生产率简单平均的年增速为 5.5%。其中，1998~2007 年生产率增速较为平稳，年平均增速为 7.9%；2008~2013 年生产率增速波动较大，主要体现在 2008 年和 2013 年生产率下降，平均增速也下降到 3.6%。同时，也分别以工业增加值、工业总产值和从业人员人数三个变量为权重，计算了全要素生产率加权平均。2004 年和 2005 年以工业增加值和工业总产值为权重计算的加总生产率波动较大，这可能是由于 2004 年工业增加值和工业总产值是通过其他指标估算的，存在一定的误差，导致 2004 年加总生产率被高估了，进而导致 2004 年生产率增速较高而 2005 年生产率增速又突然下降。除 2004 年和 2005 年以外，几种方式计算的加总生产率增速差别不大，趋势上基本是一致的，中国制造业全要素生产率呈现出一定的下降趋势。

对于生产率增速的研究，在学术界一直有很大争议。由于采用的数据、计算的时期和计算方法不同，不同研究估算出的生产率增速差异较大。运用宏观或行业加总数据的研究中，Young（2003）对国家统计局的资本存量和价格指数进行修正，计算得到中国的生产率年平均增速只有 1.4%。王志刚等（2006）、姚战琪（2009）、邵军和徐康宁（2011）利用宏观或行业层面数据，分别利用随机前沿模型、非参数模型等方法估计中国生产率增长，发现中国生产率年均增长速度大约为 5%。也有一些研究得出的结果差别较大，李小平等（2008）研究发现中国 1998~2003 年工业行业生产率增速高达 9.7%，而郭庆旺和贾俊雪（2005）则

得到中国 1979~2004 年生产率增速仅为 0.9%，二者相差非常大。

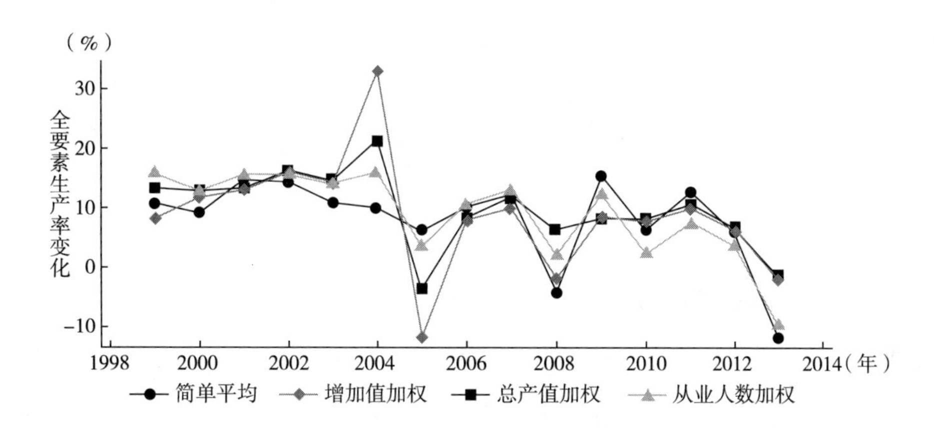

图 5-3　1998~2013 年制造业全要素生产率增速

另一些利用工业企业微观数据进行的研究，在一篇非常有影响力的文章中，Brandt 等（2012）利用中国工业企业数据库，对数据库中制造业企业跨期匹配、资本存量估算、缺失值和异常值处理等方面进行较为全面和严谨的处理后，计算出中国制造业企业生产率增速为 7.96%。本书计算的 1998~2007 年生产率增长为 7.9%，与 Brandt 等（2012）使用同期数据计算的生产率增长基本一致。鲁晓东和连玉君（2012）比较了 OLS、FE、OP、LP 四种方法估计企业生产率的结果，得出采用非参数方法得到的生产率更为准确，不同行业和地区之间企业生产率增速有较大差异，加总的生产率增速介于 2%~5%。杨汝岱（2015）对 Brandt 等（2012）的企业数据处理方法进一步调整，利用 OP 方法并分行业估算企业生产率，计算出 1998~2007 年制造业企业生产率增速为 3.83%。余淼杰等（2018）将企业产能利用率和全要素生产率进行联合估计，发现忽视产能利用率会导致全要素生产率被低估。这些对企业生产率的估计选择的样本期均为 1998~2007 年。王贵东（2018）利用 1996~2013 年工业企业数据，测算了制造业企业全要素生产率，发现不同行业生产率增速有差异，介于 3.9%~18.94%。

综上发现，不同研究由于采用的方法不同，估算的生产率增速差异很大。部分研究对数据处理和估算方法、过程等交代不清楚，也无法考证其结论的可靠性。本书通过对工业企业数据进行了全面和严谨的处理后，估算得到的 1998~2013 年制造业生产率增速 5.5%介于这些研究之间，可以认为该结果是可靠的。

此外，由于测度资源配置取决于不同部分占生产率增速的比重，而非生产率增速的绝对值，也不需担心生产率增速的绝对值会影响资源配置。

第二节 资源错配的测算

一、资源错配的测算方法

以往文献主要讨论的是企业间的资源配置（Restuccia and Rogerson，2008；Hsieh and Klenow，2009；聂辉华和贾瑞雪，2011；杨汝岱，2015），这容易忽略企业内部也存在的资源错配。本书所指的资源配置包括资源在企业内和企业间的配置，资源在企业内和企业间的优化配置均有助于加总生产率的提高。对于企业内而言，当企业将更多的资源投入研发行为，有助于企业生产率的提高，进而带动经济加总生产率的提高；对于企业间而言，即使所有企业本身的生产率不变，当高生产率企业规模增加和低生产率企业规模减小，或者市场中高生产率企业进入和低生产率企业退出，也有助于加总生产率提升。本书基于对加总生产率的贡献，将资源配置分为企业内和企业间的资源配置，并进一步将企业间资源配置分为相对规模变化导致的静态效应和市场进入退出导致的动态效应。

加总生产率增长率的分解建立在生产率可以从一定形式加总的基础之上。假定加总生产率可以写成 $\Phi=\sum s_{it}\varphi_{it}$，其中 s_{it} 为 i 企业在 t 时期的规模份额，φ_{it} 为 i 企业在 t 时期的生产率的对数，则第 1 期和第 2 期的加总生产率增长率 $\Delta\Phi=\Phi_{i2}-\Phi_{i1}$ 可以分解为进入、退出和在位三类企业的贡献。现有文献主要有四种加总生产率增长的分解方法。Baily 等（1992）对加总生产率进行了如下分解（以下简称 BHC 方法）：

$$\Delta\Phi=\sum_{i\in S}s_{i1}(\varphi_{i2}-\varphi_{i1})+\sum_{i\in S}(s_{i2}-s_{i1})\varphi_{i2}+\sum_{i\in E}s_{i2}\varphi_{i2}-\sum_{i\in X}s_{i1}\varphi_{i1} \tag{5-6}$$

其中，S、E 和 X 分别表示在位企业、进入企业和退出企业。第一项为企业内效应，表示保持企业规模不变，在位企业生产率提升对加总生产率的贡献；第二项为企业间效应，表示保持企业生产率不变，企业规模变化对加总生产率的贡献；第三项和第四项分别表示进入企业和退出企业对加总生产率的贡献。该方法虽然可以将加总生产率分解为不同类型企业贡献，可是按照该方法，所有进入企业对加总生产率的贡献都是正的，所有退出企业对生产率的贡献都是负的，这显然不合理。

为此，Griliches 和 Regev（1995）、Foster 等（2001）对此进行了改进。通过引入参照生产率来纠正进入企业和退出企业对加总生产率贡献的测度偏差。Griliches 和 Regev（1995）选择以 $\overline{\Phi}=(\Phi_2+\Phi_1)/2$ 作为参照生产率，进行如下分解（以下简称 GR 方法）：

$$\Delta\Phi=\sum_{i\in S}\bar{s}_i(\varphi_{i2}-\varphi_{i1})+\sum_{i\in S}(s_{i2}-s_{i1})(\bar{\varphi}_i-\overline{\Phi})+\sum_{i\in E}s_{i2}(\varphi_{i2}-\overline{\Phi})-\sum_{i\in X}s_{i1}(\varphi_{i1}-\overline{\Phi}) \tag{5-7}$$

其中，$\bar{s}_i=(s_{i1}+s_{i2})/2$，$\bar{\varphi}_i=(\varphi_{i1}+\varphi_{i2})/2$。与 Baily 等（1992）的研究类似，等号后的四项分别为企业内效应、企业间效应、进入企业贡献和退出企业贡献。不同之处在于，测度进入退出贡献时，将生产率与参照生产率进行对比，高于参照生产率的企业进入才对加总生产率有正向贡献，高于参照生产率的企业退出对加总生产率有负向贡献。Foster 等（2001）则选择基期加总生产率 Φ_1 作为参照生产率，进行如下分解（以下简称 FHK 方法）：

$$\Delta\Phi=\sum_{i\in S}s_{i1}(\varphi_{i2}-\varphi_{i1})+\sum_{i\in S}(s_{i2}-s_{i1})(\varphi_{i1}-\Phi_1)+\sum_{i\in S}(s_{i2}-s_{i1})(\varphi_{i2}-\varphi_{i1})+\sum_{i\in E}s_{i2}(\varphi_{i2}-\Phi_1)-\sum_{i\in X}s_{i1}(\varphi_{i1}-\Phi_1) \tag{5-8}$$

采用该方法分解意味着进入企业生产率高于基期生产率时，进入企业的贡献为正；退出企业生产率高于基期生产率时，退出企业贡献为正，并且这里多出了一个规模份额和生产率的协方差项。

然而，Griliches 和 Regev（1995）、Foster 等（2001）即使引入参照生产率，可对不同类型企业贡献的测度还是有偏的。这是因为，不同类型企业选择的参照生产率应该是不同的（Melitz and Polanec，2015）。退出企业应该选择的参照生产率是第 1 期其他在位企业的生产率，只有当退出企业生产率低于其他在位企业生产率时，退出企业的贡献才是正的；而进入企业贡献应该选择的参照生产率是第 2 期其他在位企业的生产率，只有当进入企业的生产率高于其他在位企业生产率时，进入企业的生产率才是正的。Griliches 和 Regev（1995）、Foster 等（2001）都是对进入企业和退出企业选择了同样的参照生产率，会造成对不同类型企业贡献的测度有偏。同时，也导致了对在位企业贡献的测度有偏，即式（5-7）前两项或式（5-8）前三项之和并不等于 $\Phi_{S2}-\Phi_{S1}$。

为此，Melitz 和 Polanec（2015）提出了动态 OP 生产率分解方法（以下简称 MP 方法），可以纠正以上分解方法产生的测度偏差。具体公式如下：

$$\begin{aligned}\Delta\Phi &= \Phi_{S2}-\Phi_{S1}+s_{E2}(\Phi_{E2}-\Phi_{S2})+s_{X1}(\Phi_{S1}-\Phi_{X1}) \\ &= \Delta\overline{\varphi}_S+\Delta cov_S+s_{E2}(\Phi_{E2}-\Phi_{S2})+s_{X1}(\Phi_{S1}-\Phi_{X1})\end{aligned} \tag{5-9}$$

其中，$\overline{\varphi}_S$ 为非加权在位企业生产率的均值。$\Delta\overline{\varphi}_S$ 表示在位企业自身生产率提高对加总生产率增长的贡献，即企业内资源配置效应。cov_S 为在位企业生产率与规模份额的协方差，即 $\sum_{i\in S}(s_{it}-\overline{s}_{it})(\varphi_{it}-\overline{\varphi}_{it})$。$\Delta cov_S$ 表示不同生产率的企业相对规模变化的贡献，即企业间静态资源配置效应。最后两项分别为进入企业和退出企业的贡献，即企业间动态资源配置效应。可以看到，进入企业以第 2 期在位企业生产率为参照，而退出企业以第 1 期在位企业生产率为参照，可以准确测度进入和退出企业的贡献。等式第二行的前两项正是由 $\Phi_{S2}-\Phi_{S1}$ 分解得到的，因此二者之和也准确测度了在位企业的贡献。

综上对几种分解方法的讨论，表明 Melitz 和 Polanec（2015）的方法能够更准确测度不同类型企业的贡献，以及不同资源配置方式的贡献。因此，本书采用该方法来测度中国制造业的资源配置，同时也列出其他几种方式的测算结果作为对比。

二、资源错配的测算结果

计算资源错配之前，先计算不同类型企业的生产率和规模情况。表 5-5 列出了不同类型企业的主要变量均值，由于 MP 方法中进入企业和退出企业选择的参照对象不同，表中列出了两类在位企业。进入企业应该和企业进入年份的在位企业对比，退出企业应该和企业退出年份的在位企业对比。从表 5-5 中可以看出，进入企业生产率低于企业进入年份的在位企业，因此企业进入会拉低平均生产率，可以预见进入效应很可能是负的。退出企业生产率也低于企业退出年份的在位企业，因此企业退出会提高平均生产率，可以预见退出效应很可能是正的。此外，也可以看出进入企业生产率要高于退出企业。同时，规模上也和生产率的结果一致。规模大的企业往往具有更高生产率，因此，不管是用工业增加值、从业人员还是资本存量衡量，进入企业规模都显著低于在位企业，退出企业规模也低于在位企业。进入企业规模是低于退出企业的，这也意味着退出企业虽然超过进入企业，但是生产率却低于进入企业，即退出企业是处于衰退状态的。

表 5-5　不同类型企业的主要变量均值

	进入企业	在位企业（企业进入年份）	在位企业（企业退出年份）	退出企业
全要素生产率	1.164	1.318	1.257	1.018
工业增加值（万元）	647.419	1766.994	1516.106	693.480
从业人员人数（万元）	154.910	289.781	270.322	152.579
资本存量（万元）	773.835	1761.526	1618.940	784.116

表 5-6 列出了 MP 方法和其他几种生产率分解方法得到的企业内和企业间的资源配置效应。虽然各种方法得到的 1998~2013 年制造业加总生产率的总增长为 1.308，但不同方法对不同项的分解结果不同，并且差异较大。这主要源于不同方法对进入企业和退出企业对加总生产率贡献的计算方法不同。对于 MP 方法，企业内资源配置效应为 0.786，占加总生产率增长的比重约 60%，说明中国制造业生产率增长主要来自在位企业的研发和技术进步带来的生产率提升。企业间资源配置效应为 0.521，占比约为 40%，企业间资源配置对生产率的贡献也相当可观。其中企业规模变化带来的加总生产率提升占到了绝大部分，而企业进入和退出产生的对加总生产率的贡献基本抵消，导致净效应比较小。这似乎和创造性破坏违背，Schumpeter（1939）指出新产品和技术的产生会替代原有落后的产品和技术，进而推动经济增长。中国经济增长过程中，创造新产品和技术替代旧产品和技术往往意味着企业的市场进入和退出，然而，MP 分解结果却显示进入退出带来的总效应对加总生产率提升的作用很小。事实上，这主要是由于进入企业是新创造企业，其规模较小，生产率相对在位的大企业生产率较低，导致进入效应为负（毛其淋和盛斌，2013）。但这并不违背创造性破坏理论，李坤望和蒋为（2015）指出，进入企业虽然生产率较低，但是却具有更高的增长速度。因此，进入企业在短期内生产率较低，导致对加总生产率的贡献为负，但是长期看，却会增长更快，长期对生产率的贡献却为正。退出效应为正，意味着退出企业的生产率低于在位企业，因此这些低生产率的企业退出有利于加总生产率的提升。

表 5-6　1998~2013 年制造业加总生产率增长分解

	总增长	企业内	企业间	规模效应	交叉效应	净进入	进入效应	退出效应
MP	1.308	0.786	0.521	0.502		0.019	-0.123	0.142

续表

	总增长	企业内	企业间	规模效应	交叉效应	净进入	进入效应	退出效应
BHC	1.308	0.183	1.125	−0.159		1.284	2.035	−0.751
GR	1.308	0.214	1.094	0.068		1.026	0.528	0.498
FHK	1.308	0.183	1.123	−0.057	0.061	1.119	1.076	0.043

注：表中企业间=规模效应+净进入，净进入=进入效应+退出效应。

为了进行对比，表5-6同时列出其他几种方法对加总生产率增长的分解结果。不同方法计算的结果差别较大，正如前文所述，由于其他几种方法选择的进入退出生产率参照标准不同，导致分解结果是有偏差的。其中，BHC方法没有选择参照生产率，意味着只要是进入企业对加总生产率的贡献都是正的，只要是退出企业对加总生产率的贡献都是负的，这显然是不合理的，也导致结果中进入退出效应非常大。GR方法和FHK方法虽然对进入退出企业选择了参照生产率，但是GR方法以两期平均生产率作为参照，而FHK方法将第1期生产率作为参照，这都是不正确的。因为进入企业是否有助于加总生产率提升，取决于其生产率是否高于进入期的在位企业S_2，如果高于，则会提升加总生产率，反之则会降低加总生产率；而退出企业是否有助于生产率提升，取决于其生产率是否低于退出期的在位企业S_1，如果低于，则会提高加总生产率，反之则会降低加总生产率。因此，只有MP方法正确选择了进入退出企业的参照生产率，计算出的资源配置也才是符合实际的。

第三节　资源错配的统计分析

一、资源错配的变化趋势

中国制造业生产率增速是动态变化的，资源配置效应也是动态变化的。分年度计算制造业生产率变化和资源配置，图5-4绘出了1998~2013年制造业加总生产率变化，以及分解得到的各项资源配置效应。总体上看，1998~2013年中国制造业生产率是不断增长的，但生产率增速总体上却是逐步降低的。对加总生产

率进行分解，得到的不同资源配置效应有不同的变化趋势。对于企业内效应，除2013年外其他年份都是正的。企业通过研发提升全要素生产率，进而有助于加总制造业生产率的提升。企业内效应在2005~2009年最大，平均超过10%。这超过了制造业加总生产率的增长，意味着2005~2009年企业间资源配置效应为负。企业间资源配置不仅没有改善，反而恶化了，阻碍了加总制造业生产率的增长。企业内效应在2010年之后有下降的趋势，对加总制造业生产率的贡献下降，其中2013年甚至为负。

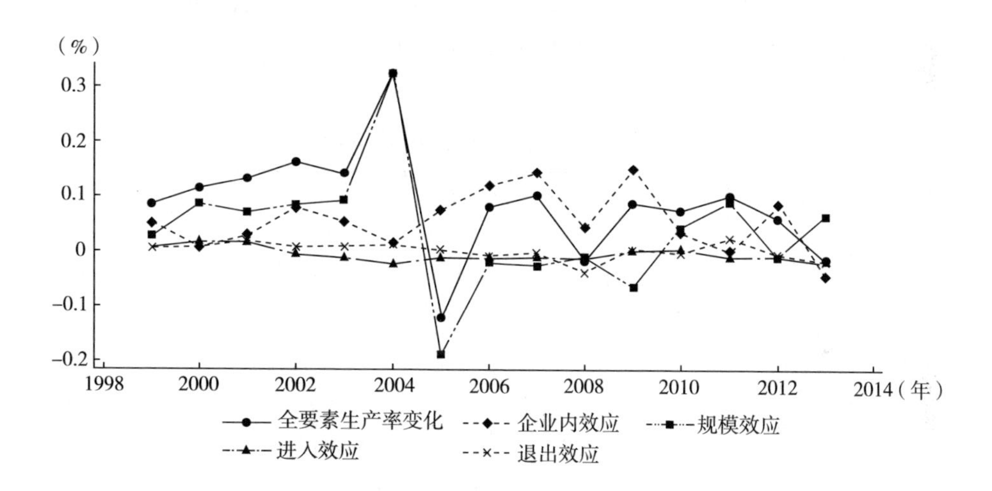

图 5-4　1998~2013 年中国制造业资源配置效应变化

企业间通过规模变化引起的静态资源配置效应与加总生产率变化的趋势基本一致。2004年之前为正，2005年之后开始下降。其中在2004年和2005年加总制造业生产率的波动中主要是由企业间相对规模变化引起的。当然，这种波动也可能是因为2004年是调查年份，统计的数据更为全面导致前后数据有相对更大的差别，但规模变化和加总生产率变化的走势是一致的。企业进入和退出引起的动态资源配置效应相对较小，其中进入效应甚至在很多年份是负的，意味着进入企业生产率相对在位企业更低。这和一些研究发现一致（毛其淋和盛斌，2013；李坤望和蒋为，2015），进入企业规模相对更小，生产率也更低，因此进入效应为负是正常的。退出效应在一些年份也是负，这和理论预期不符。一般而言，低生产率企业会退出市场，这有利于提升加总制造业生产率。而在中国制造业企业中，却发现很多低生产率企业存续，生产率相对更高的企业反而退出市场。这反映了中国可能缺乏有效的企业的市场进入退出机制，比如，政府对低生产率企业补贴或者对国有企业提供更有利的条件，会扭曲资源配置，不利于加总制造业生产率的提升。

二、资源错配的地区差异

不同地区市场化程度不同，资源错配也存在差异。表 5-7 计算了不同省份的全要素生产率变化和资源配置效应，表中数据为 1998~2013 年的年均值。从全要素生产率看，东部发达地区的全要素生产率增速要高于中西部地区。全要素生产率增速和经济发展水平一致，这会进一步扩大地区之间的差距。

表 5-7　资源配置效应的地区差异

行业代码	省份	全要素生产率变化	企业内效应	规模效应	进入效应	退出效应
11	北京	0.072	-0.017	0.052	0.028	0.009
12	天津	0.078	0.029	0.043	0.008	-0.002
13	河北	0.081	0.110	-0.009	-0.005	-0.015
14	山西	0.079	0.044	0.037	0.007	-0.009
15	内蒙古	0.121	0.090	0.040	-0.024	0.015
21	辽宁	0.110	0.097	0.011	-0.002	0.004
22	吉林	0.095	0.087	0.005	-0.001	0.004
23	黑龙江	0.086	0.043	0.025	0.024	-0.007
31	上海	0.060	0.009	0.036	0.014	0.001
32	江苏	0.081	0.033	0.048	0.007	-0.007
33	浙江	0.070	0.001	0.058	0.007	0.003
34	安徽	0.088	0.065	0.027	0.003	-0.006
35	福建	0.076	0.050	0.031	0.000	-0.005
36	江西	0.107	0.089	0.023	0.004	-0.009
37	山东	0.091	0.104	0.008	-0.010	-0.010
41	河南	0.083	0.064	0.042	-0.011	-0.012
42	湖北	0.072	0.096	-0.007	0.003	-0.020
43	湖南	0.134	0.139	-0.006	0.020	-0.020
44	广东	0.069	0.048	0.021	0.009	-0.010
45	广西	0.113	0.070	0.041	0.010	-0.007

续表

行业代码	省份	全要素生产率变化	企业内效应	规模效应	进入效应	退出效应
46	海南	0.190	0.036	0.054	0.100	0.000
50	重庆	0.113	0.042	0.051	0.014	0.006
51	四川	0.112	0.097	0.021	-0.002	-0.004
52	贵州	0.160	0.070	0.036	0.041	0.013
53	云南	0.088	0.039	0.038	0.015	-0.003
54	西藏	0.228	-0.020	0.025	0.201	0.021
61	陕西	0.110	0.050	0.049	0.017	-0.006
62	甘肃	0.104	0.008	0.067	0.024	0.005
63	青海	0.148	0.072	0.041	0.110	-0.074
64	宁夏	0.098	0.024	0.034	0.040	0.000
65	新疆	0.085	0.005	0.047	0.022	0.010

将加总的全要素生产率分解为企业内效应、规模效应、进入效应和退出效应。总体上看，企业内效应和地方发展水平相反。经济发展水平较高的北京、天津、上海、江苏、浙江、广东等地的企业内效应反而相对其他地区更小。这反映了地区之间的一种趋同力量，发达地区拥有更高的技术和生产率，而欠发达地区技术水平相对较低，这反而使欠发达地区拥有后发优势，通过学习、模仿和技术溢出提升当地的企业生产率。

对于规模效应，绝大部分省份的规模效应都是正的，这说明高生产率企业规模增加，低生产率企业规模缩小，进而促进了资源由低生产率企业流入高生产率企业，提升加总制造业生产率。地区分布上，发达地区反而相对更高一些。这说明发达地区阻碍企业间资源配置的因素在逐步弱化。通过市场机制和要素市场建设，让不同企业的要素价格均等化，企业可以在相同的边际上生产。促进要素在企业间的自由流动，企业能够在最优规模处生产。发达地区在市场机制和要素市场建设上相对更好，规模效应也相对更大。

进入效应中各省份多为正值，即进入的企业相对在位企业有更高的生产率，从而有助于加总制造业生产率的提升。也有部分省份的进入效应为负，这些省份进入企业的生产率相对当地在位企业生产率更低，不利于加总生产率的提升。由于计算资源配置中采用的是年度数据，因此这种进入效应是短期结果，不排除进入企业短期生产率较低但是增长较快，从而导致短期进入效应为负但长期为正的情况。李坤望和蒋为（2015）便发现进入企业虽然生产率更低，但是增长更快。退出效应同样在不同省份有所不同，有些省份退出效应为正，意味着低生产率企业退出市场进而有利于加总制造业生产率的提升。而有些省份退出效应为负，则意味着这些省份的退出企业生产率高于在位企业，从而不利于加总生产率的提升。这可能是由于地方政府对一些低生产率企业的保护，导致在位企业生产率低于退出企业，产生负的退出效应。

三、资源错配的行业差异

不同行业技术和要素投入不同，资源错配也存在差异。表 5-8 计算了 29 个 2 位数制造业的全要素生产率和资源配置效应。全要素生产率增长最快的是化学纤维制造业、纺织业、黑色金属冶炼及压延加工业、通用设备制造业、专用设备制造业、交通运输设备制造业、电气机械及器材制造业等，增长最慢的是烟草制品业、家具制造业、文教体育用品制造业等。

表 5-8　资源配置的行业差异

行业代码	行业名称	全要素生产率变化	企业内效应	规模效应	进入效应	退出效应
13	农副食品加工业	0.088	0.061	0.023	-0.001	0.005
14	食品制造业	0.084	0.052	0.029	-0.001	0.003
15	饮料制造业	0.094	0.050	0.042	0.001	0.000
16	烟草制品业	0.003	0.030	0.055	0.245	-0.327
17	纺织业	0.120	0.063	0.016	0.035	0.006
18	纺织服装、鞋、帽制造业	0.088	0.060	0.026	0.016	-0.013
19	皮革、毛皮、羽毛（绒）及其制品业	0.063	0.068	0.003	-0.014	0.006
20	木材加工及木、竹、藤、棕、草制品业	0.084	0.085	-0.005	-0.003	0.006
21	家具制造业	0.041	0.046	0.004	0.007	-0.017
22	造纸及纸制品业	0.086	0.036	0.030	0.008	0.011
23	印刷业和记录媒介的复制	0.074	0.013	0.043	0.017	0.000
24	文教体育用品制造业	0.054	0.040	0.030	-0.004	-0.013
25	石油加工、炼焦及核燃料加工业	0.119	0.102	0.021	0.015	-0.018
26	化学原料及化学制品制造业	0.105	0.056	0.042	0.009	-0.002
27	医药制造业	0.070	0.040	0.026	0.001	0.004

续表

行业代码	行业名称	全要素生产率变化	企业内效应	规模效应	进入效应	退出效应
28	化学纤维制造业	0.140	0.081	0.010	0.038	0.012
29	橡胶制品业	0.089	0.043	0.040	0.015	-0.009
30	塑料制品业	0.096	0.061	0.035	0.006	-0.005
31	非金属矿物制品业	0.102	0.073	0.029	0.002	-0.002
32	黑色金属冶炼及压延加工业	0.133	0.086	0.025	0.015	0.006
33	有色金属冶炼及压延加工业	0.082	0.080	0.029	0.016	-0.043
34	金属制品业	0.081	0.053	0.032	0.000	-0.004
35	通用设备制造业	0.110	0.063	0.044	0.011	-0.008
36	专用设备制造业	0.114	0.041	0.052	0.017	0.004
37	交通运输设备制造业	0.119	0.064	0.049	0.013	-0.007
39	电气机械及器材制造业	0.114	0.059	0.045	0.010	0.001
40	通信设备、计算机及其他电子设备制造业	0.084	0.033	0.028	0.018	0.004
41	仪器仪表及文化、办公用品制造业	0.100	0.052	0.028	0.004	0.016
42	工艺品及其他制造业	0.072	0.055	0.034	0.008	-0.026

对于企业内效应，全部行业都是正的。这些行业的企业生产率都是不断提升的，从而提升制造业加总生产率。对于企业间规模效应，除木材加工及木、竹、藤、棕、草制品业外，其他行业都是正的。这些行业通过高生产率企业规模增加和低生产率企业规模缩小，促进企业间资源配置，进而提升制造业加总生产率。规模效应在皮革、毛皮、羽毛（绒）及其制品业和木材加工及木、竹、藤、棕、草制品业两个行业相对较小，在木材加工及木、竹、藤、棕、草制品业规模效应甚至为负，说明这两个行业主要通过企业生产率增长提升加总制造业生产率，规模调整在其中起的作用很小。

企业进入退出对制造业加总生产率的影响在不同行业之间也不同。对于进入效应，大部分行业都是正的，说明进入企业生产率高于在位企业，从而有助于加总生产率的提升。其中，农副食品加工业，食品制造业，皮革、毛皮、羽毛（绒）及其制品业，木材加工及木、竹、藤、棕、草制品业，文教体育用品制造业5个行业的进入效应为负，即这些行业的进入企业生产率低于在位企业，不利于加总生产率的提升。这几个行业都是传统行业，技术相对成熟，进入门槛较低，进入企业生产率较低，对行业生产率的作用较小。对于退出效应，发现较多行业的退出效应为负。这意味着行业中缺乏优胜劣汰的淘汰机制，低生产率企业并没有退出市场，高生产率企业反而有可能退出。这可能来自地方政府对低生产率的保护，导致市场淘汰机制失效。进入退出动态资源配置效应的降低，不利于加总制造业生产率的提升。

第四节　本章小结

本章计算了 1998~2013 年中国制造业企业生产率，并基于制造业企业生产率测算 1998~2013 年省份和 2 位数行业层面的资源配置效应。本章计算的企业生产率和资源配置效应也是后续章节进行实证研究的基础。

对于企业生产率的计算，为了克服同时性偏差和样本选择偏差，采用了 OLS、FE、OP、OPACF、LP、LPACF、WRDG、ROB 共八种方法进行估计。通过对比，最终选择了 OP 方法，这也是现有文献最常用的方法。同时，考虑到不同行业生产技术的差异，对企业生产率的估计也是分 2 位数行业进行的。最终得到了 2 位数行业层面的资本和劳动产出弹性，以及企业层面生产率。对企业层面生产率进行不同方式的加总，分析了生产率变化趋势。利用企业生产率加总为行业层面生产率，再利用动态 OP 方法进行生产率分解，最终得到企业内效应、规模效应（企业间静态资源配置效应）、进入效应和退出效应（企业间动态资源配置效应）。最后，对资源配置效应的时间趋势、地区差异和行业差异进行了统计分析。

通过测算发现，1998~2013 年中国制造业全要素生产率年平均增速为 5.5%，其中，在 1998~2007 年生产率增速较高，2007 年之后增速逐步下降。进一步对加总制造业生产率进行分解得到资源配置效应，发现企业内资源配置效应对加总生产率贡献为 60%，企业间资源配置效应对加总生产率的贡献为 40%。即中国制造业的生产率增长主要来自企业本身的研发和技术进步，但企业间的资源配置对生产率增长也有相当大的作用。企业间资源配置效应中，主要来自企业规模相对变化带来的规模效应，进入效应和退出效应基本相互抵消。其中，进入效应为负，退出效应为正，反映了进入企业生产率较低短期内对加总生产率贡献为负，退出企业生产率较低对加总生产率贡献为正。

第六章　环境政策对加总生产率和资源配置的影响

第一节　引言

环境政策的初衷是让企业减少污染排放，改善环境质量，但这不可避免地使企业承担更多的成本。大量研究发现环境政策会对企业的研发、生产率、规模和市场份额、进入和退出等产生影响，并且这种影响在不同企业间存在异质性（Becker et al.，2013；Albrizio et al.，2017；孙学敏和王杰，2014），即面临同样的环境政策，企业的成本变化和反应是不同的。此外，环境政策在执行时，也可能会对不同企业采取不同的规制力度（Hering and Poncet，2014）。例如，国有企业或有政治关联的企业往往在环境政策下具有更多优势。这种异质性影响会带来不同企业间的规模调整、进入退出和资源再配置。

近年来，关于资源错配的研究引起学界的关注，这些研究多讨论的是政策扭曲对资源错配的影响。当一项政策对不同企业产生不同的影响时，比如政策使不同企业面临不同的融资成本或劳动力成本时，会导致企业有不同的边际收益产品。此时，将要素资源从边际收益产品低的企业转移到边际收益产品高的企业，能够提高加总的产出和全要素生产率（Hsieh and Klenow，2009）。基于这种思路，很多研究对不同政策引起的扭曲进行了理论分析和实证研究，证实了很多政策都会在一定程度上导致企业间的资源错配。环境政策作为经济政策的一个类别，由于对不同企业产生不同的影响，因此也会带来企业间的资源错配。

然而，现有关于资源错配的实证研究文献虽然识别了资源错配，但很多研究强调的是统计显著性，而非经济显著性。作为一个对全部污染企业统一实行的公共政策，识别出环境政策对资源错配的影响到底有多大，在多大程度上影响加总全要素生产率，这对于评估政策的成本收益非常重要。基于这种思路，本书首先将政策目标定为加总生产率的增长，在对加总生产率进行分解的基础上，实证环境政策通过何种效应影响加总生产率。具体来看，将加总生产率分解为企业内效应和企业间效应，企业内效应指的是企业通过将资源用于研发提升企业本身全要素生产率，进而对加总全要素生产率的贡献；企业间效应指的是保持企业本身生产率不变，资源由低生产率企业流入高生产率企业对加总生产率的贡献。企业间效应又可以分为在位企业间的要素流动和企业的动态进入退出，即企业间静态资源配置效应和企业间动态资源配置效应。

本章首先实证环境政策对加总全要素生产率的影响；其次基于对加总生产率进行分解，实证环境政策对各项资源配置效应的影响，进而识别出加总生产率变化的主要影响因素。采用的数据来自第五章中计算的生产率和对加总生产率的分解，环境政策采用的是“十一五”期间主要污染物排放控制计划，对该政策相关信息的详细介绍见第五章，本章不再赘述。

第二节　实证策略

“十一五”期间主要污染物排放控制计划于2006年实行，通过对地方政府官员的激励使地方政府在“十一五”期间执行更为严格的环境规制政策。同时，中央对各省份分配的减排比例不同，这构成了环境政策在省级层面上的差别。因此，可以构造双重差分模型检验环境政策对加总生产率和资源配置的影响。具体计量经济模型如下：

$$y_{ijt}=\beta so_2\_reduce_i\times T_t+X_{it}\gamma+\mu_i+\nu_t+\varepsilon_{ijt} \tag{6-1}$$

考虑到“十一五”政策期末是2010年，为此，回归中剔除2010年以后的数据，利用的是1998~2010年制造业2位数行业数据。其中，i表示省份，j表示制造业2位数行业，t表示年份。y在不同的回归模型中分别表示制造业加总的全要素生产率和各项资源错配效应。so_2_reduce表示中央对各省份分配的二氧化硫缩减比重，该比重越大代表各省份执行越严格的环境政策。中央对各省份分配的减排指标包括二氧化硫和化学需氧量，之所以选择二氧化硫缩减比重是因为化学需氧量只针对部分严重依赖水资源的行业，而二氧化硫则针对更广泛的行业，选择二氧化硫缩减比重作为环境政策严格程度更合理。T 表示政策时间，2006 年之前为 0，之后为 1。X 表示同时随省份和时间变化的变量，包括各省份的地区生产总值、人均地区生产总值、金融发展、外向度等。μ 为省份固定效应，ν 为时间固定效应，ε 为随机扰动项。这里的数据全部来自第四章和第五章，主要变量的描述性统计如表 6-1 所示。

表 6-1 主要变量的描述性统计

变量	含义	样本量	均值	标准差	最小值	最大值
year	年份	8518	2003.616	3.716	1998	2010
T	政策时间，2006 年之前为 0，之后为 1	8518	0.348	0.476	0	1
GTFP	加总全要素生产率增长（%）	7650	10.278	29.270	-217.479	299.737
within_effect	企业内效应	7650	6.400	20.392	-199.688	204.107
between_effect	企业间静态效应	7650	2.907	24.721	-168.438	198.751
enter_effect	进入效应	7650	1.435	15.853	-185.707	397.993
exit_effect	退出效应	7650	-0.463	14.204	-307.273	313.231
so_2_reduce	二氧化硫减排比例（%）	8518	10.939	6.401	0	25.900
intensity	二氧化硫排放密集度（吨/亿元）	8518	117.051	161.535	2.970	635.450
gdp	地区生产总值（亿元）	8518	6183.402	5584.744	91.500	35073.355
pgdp	人均地区生产总值（万元/人）	8518	1.397	1.013	0.235	6.062
ind	第二产业产值比重（%）	8518	0.443	0.077	0.197	0.608
out	进出口占地区生产总值比重（%）	8518	0.468	0.559	0.039	2.300
finv	外资占地区生产总值比重（%）	8518	0.695	0.736	0.066	7.626
edu	在校大学生比重（%）	8518	0.011	0.007	0.001	0.036

实证中主要关注 β 的回归系数，在不同被解释变量的回归中，如果环境政策对加总的全要素生产率或资源配置有促进作用，则预期 β 的回归系数显著为正。

以上双重差分模型存在潜在的共线性和内生性问题，因为同时随着省份和时间变化的变量可能和环境政策相关。比如，随着人均收入的提高，地方政府可能会采取更为严格的环境政策。这导致控制变量和关键解释变量相关，即政策的实行不是完全随机的。如果同时随省份和时间变化的变量无法衡量而没有进入控制变量，则会产生内生性问题，导致估计结果的有偏和不一致。为此，考虑到不同行业二氧化硫排放密集度不同，可以在以上双重差分模型基础上进一步加入行业间二氧化硫排放密集度差异这一维度，构造三重差分模型。具体模型如下：

$$y_{ijt}=\beta so_2\_reduce_i\times lnso_2\_intensity_j\times T_t+\mu_{ij}+\nu_{jt}+\omega_{it}+\varepsilon_{ijt} \quad (6-2)$$

其中，$lnso_2\_intensity$ 表示 2 位数行业的二氧化硫排放密集度的对数。μ 为同时随省份和行业变化的固定效应，ν 为同时随行业和时间变化的固定效应，ω 为同时随省份和时间变化的固定效应，ε 为随机扰动项。通过控制两两交叉的固定效应，可以将其他影响全要素生产率和资源配置的因素剔除干净。尤其是剔除了可能导致政策内生的变量，比如各省份的经济规模、发展水平、资源禀赋等。

第三节　实证结果分析

一、环境政策对加总全要素生产率的影响

首先，采用双重差分方法估计环境政策对制造业加总全要素生产率的影响，表 6-2 的第 1~2 列给出了回归结果。第 1 列仅控制省份固定效应和年份固定效应，没有加入任何控制变量，得到代表环境政策效应的交互项回归系数显著为正。这意味着在“十一五”期间二氧化硫减排比重更高的省份制造业加总的全要素生产率增长更多，即环境政策有利于制造业加总生产率的提升。为了排除遗漏变量的影响，第 2 列进一步加入同时随省份和年份变化的控制变量，发现交互项回归系数有所下降，但仍然是显著的。比较第 1 列和第 2 列回归系数的差别，意味着遗漏相关变量可能会导致内生性问题，使得估计结果有偏。

表 6-2　环境政策对加总全要素生产率的影响

	DID_GTFP	DID_GTFP	DDD_GTFP
$T\times so_2\_reduce$	0.327** (0.153)	0.295** (0.141)	

续表

	DID_GTFP	DID_GTFP	DDD_GTFP
T×lnintensity×so_2_reduce			0.035 ** (0.015)
gdp		0.003 * (0.002)	
pgdp		-1.739 (2.159)	
ind		-30.578 * (15.861)	
out		-6.631 ** (3.205)	
finv		-2.532 (1.621)	
edu		-211.165 (231.614)	
省份固定效应	是	是	是
年份固定效应	是	是	是
省份×年份固定效应	否	否	是
省份×行业固定效应	否	否	是
行业×年份固定效应	否	否	是
N	7650	7650	7622
adj R^2	0.066	0.068	0.167

注：括号中为稳健的标准误，**、*分别表示显著性水平为5%和10%。

第2列虽然加入了同时随省份和年份变化的控制变量，但是仍然有很多变量由于无法测度而无法控制，比如省份当地的竞争环境、不断变化的政策、文化和制度等因素。此外，还有一些可能影响行业全要素生产率增长的同时随着行业和年份变化的因素，以及同时随着省份和行业变化的因素。双重差分无法完全控制这些因素，因此无法完全避免潜在的内生性问题。为尽可能控制这些可能引起内生性问题的因素，第3列采用三重差分方法，通过加入行业二氧化硫排放密集度得到政策时间虚拟变量、省份二氧化硫减排比例和行业二氧化硫排放密集度三项交乘的政策变量。该变量的回归系数意味着“十一五”期间二氧化硫减排比例更高省份的二氧化硫排放密集型行业是否加总全要素生产率增长更多。理论上，如果环境政策有利于加总生产率增长，那么污染密集型行业受到的影响更大，加总全要素生产率应该有更高增长。此外，采用三重差分也使得回归中可以控制多种可能影响行业生产率的因素，包括同时随省份和年份变化的变量、同时随省份和行业变量的变量以及同时随行业和年份变化的变量。

第 3 列回归结果显示，环境政策交互项回归系数显著为正，进一步验证了环境政策对加总生产率的正向影响。环境政策可以采取不同的措施，包括采取环境税、排放标准或行政管制等方式，这些政策在一定程度上增加了企业的负担，但也可能会激励企业研发提升生产率，且同一政策对不同企业的影响是不同的，可能会导致企业内和企业间的资源再配置，改变加总生产率。第三章理论模型表明，不同环境政策措施对加总生产率的影响不同。“十一五”期间对主要污染物的约束性减排计划作为一种环境计划和规划，采取的是一揽子政策措施，因此本书实证得到的结果不是某项环境政策措施的影响，而应理解为中国的整体环境政策对加总生产率的影响。

二、环境政策对资源配置的影响

环境政策对加总全要素生产率的影响有多种渠道，可能是通过激励企业研发创新改善企业内资源配置，提升企业生产率和加总生产率，也可能是通过企业间资源配置提高加总生产率。为了检验环境政策如何影响资源配置，将加总生产率分解为企业内效应、企业间效应、进入效应和退出效应。

首先采用双重差分估计，表 6-3 列出了回归结果。第 1～4 列没有加入任何控制变量，只控制省份固定效应和年份固定效应。第 1 列回归中企业内效应的回归系数显著为负，表明环境政策不利于企业生产率提升。这和大量关于环境政策的观点一致，环境政策增加了企业的负担，使企业需要将原先可以用于生产的人力、财力等资源转而投入减排以用于满足环境政策的目标，这降低了企业单位投入的产出，进而降低企业生产率，即环境政策对企业本身的生产率是不利的。第 2 列回归中企业间效应的回归系数显著为正，表明环境政策使高生产率企业的份额变得更大，低生产率企业的份额变得更小，这种市场份额和要素资源从低生产率企业流入高生产率企业有利于提高加总制造业生产率。利用中国企业数据的实证结果表明，中国的环境政策可以促成这种有效的资源配置。第 3 列回归中进入效应的回归系数显著为正，即严格的环境政策形成一种市场选择机制，提高了企业进入门槛。只有高生产率企业才能进入市场，这有利于整体生产率的提升。第

4 列退出效应也为正，但显著性水平有所降低。退出效应为正意味着环境政策形成的市场选择机制，提高了企业生存的临界生产率，低生产率企业被迫退出市场，从而有利于加总生产率提升。考虑到遗漏变量问题，第 5~8 列加入控制变量，得到的回归系数变化不大。

表 6-3　环境政策对资源配置的影响（DID）

	within_effect	between_effect	enter_effect	exit_effect	within_effect	between_effect	enter_effect	exit_effect
$T\times so_2\_reduce$	-0.179** (0.071)	0.263*** (0.095)	0.152*** (0.054)	0.091* (0.052)	-0.153** (0.068)	0.227*** (0.081)	0.119** (0.049)	0.102* (0.56)
控制变量	否	否	否	否	是	是	是	是
省份固定效应	是	是	是	是	是	是	是	是
年份固定效应	是	是	是	是	是	是	是	是
N	7650	7650	7650	7650	7650	7650	7650	7650
adj. R^2	0.081	0.062	0.028	0.010	0.058	0.025	0.026	0.006

注：括号中为稳健的标准误，***、**、*分别表示显著性水平为 1%、5%和 10%。

尽管表 6-3 的第 5~8 列加入了控制变量，但还是会遗漏很多变量。为了尽可能排除其他潜在影响因素对结果的干扰，表 6-4 采用三重差分进行估计。第 1 列企业内效应的回归系数显著为负，第 2~3 列企业间效应和进入效应的回归系数显著为正，这和双重差分得到的结论一致。环境政策虽然不利于企业本身生产率提升，但是却可以通过促使资源从低生产率企业向高生产率企业流动以及提高企业进入市场的生产率门槛，优化资源配置提高加总制造业生产率。不同于双重差分的回归结果，第 4 列退出效应的回归系数虽然为正，但不再显著。这意味着双重差分回归中，可能是遗漏变量导致估计结果的有偏和不一致，高估了退出效应的作用。在采取三重差分控制了更多的潜在影响因素后，退出效应不再显著。这表明环境政策并没有通过促使低生产率企业退出而提高加总制造业生产率，这可能是由于环境政策在执行时对低生产率企业存在选择性执法，保护了低生产率企业，尤其是有政治关联的企业或国有企业。这导致低生产率企业没有退出市场，占用了有限的资源和要素，不利于资源配置和加总生产率的提升。

表 6-4　环境政策对资源配置的影响（DDD）

	within_ effect	between_ effect	enter_ effect	exit_ effect
T×lnintensity×so_2_ reduce	-0.015** (0.007)	0.027*** (0.009)	0.014** (0.06)	0.009 (0.007)
省份×年份固定效应	是	是	是	是
省份×行业固定效应	是	是	是	是
行业×年份固定效应	是	是	是	是
N	7622	7622	7622	7622
adj. R^2	0.302	0.101	0.255	0.266

注：括号中为稳健的标准误，***、**分别表示显著性水平为 1%、5%。

第四节　稳健性检验

一、平行趋势检验

双重差分和三重差分结果依赖于政策前不同观测值并不存在时间上的趋势性差异，为此需要进行平行趋势检验。以环境政策对加总生产率的回归为例，将环境政策时间变量替换为每一个年份的虚拟变量，重新进行回归，得到的结果绘制如图 6-1 所示。为排除完全共线性，选择以政策前一年 2005 年为比较基准，即将 2005 年的环境政策效应标准化为 0。可以看到，在 2006 年之前，即“十一五”期间主要污染物排放控制计划之前，回归系数都不显著。这意味着不存在政策前效应，在控制省份×年份固定效应、省份×行业固定效应、行业×年份固定效应三个交叉维度的固定效应后，环境政策前不同省份不同行业的全要素生产率增长并没有显著差别，平行趋势条件成立。除环境政策对加总生产率的回归外，研究中对其他资源配置效应的回归结果也进行了同样检验，平行趋势在各项回归中都成立。

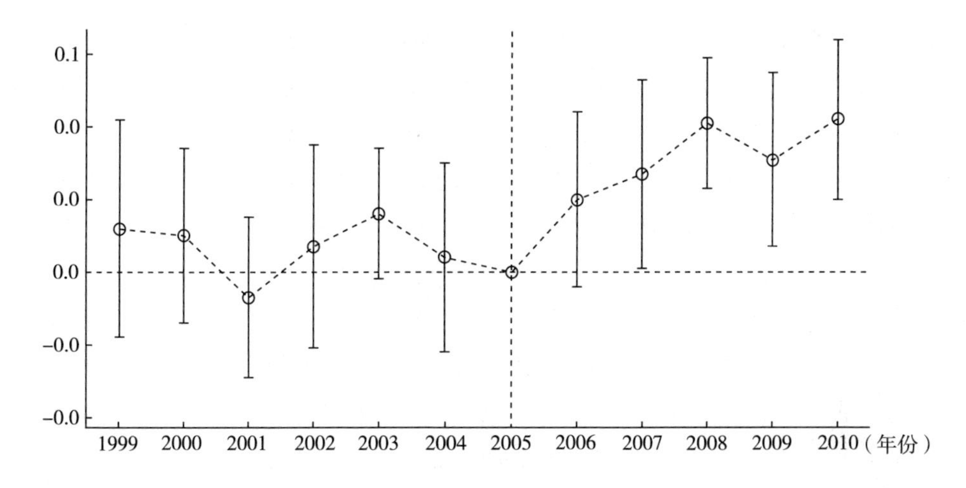

图 6-1　平行趋势检验

注：图中圆圈为回归系数，上下界为 95%的置信区间。其中 2005 年为比较基准，回归中均控制了省份×年份固定效应、省份×行业固定效应、行业×年份固定效应三个交叉维度的固定效应。

2006 年之后（包括 2006 年），环境政策效应开始显现出来，除 2006 年之外，其他年份的回归系数都是显著的。这意味着环境政策导致了不同省份不同行业制造业全要素生产率的差异，二氧化硫减排比重高的省份污染密集型行业全要素生产率增长更快，即环境政策有利于加总全要素生产率的提升。虽然“十一五”规划的时间区间是 2006~2010 年，可是中央对各省份分配二氧化硫减排比例的文件是在 2006 年下半年才正式发布的。环境政策效果的显现需要一定的时间，这可能是导致 2006 年回归系数不显著的一个原因。

此外，回归中发现 2008 年和 2010 年的回归系数相对更大，这体现了监督检查和激励机制的作用。在中央对省级政府划定减排比例后，为了督促各省份落实主要污染物排放缩减计划，要求在 2008 年进行中期检查，2010 年进行期末考核，没有完成减排目标或者没有有效执行减排计划的省份政府官员将会受到问责。因此，当中央政府对地方政府进行监督检查时，这让环境保护目标变得可以量化进行考核，地方政府官员也会制定多项环境政策措施规制企业的污染排放。如果环境政策有利于提升加总生产率，那么 2008 年和 2010 年地方政府倾向执行更严格的环境政策也会在更大程度上提升加总生产率。

二、排除同期事件影响

对于环境政策效果的评估可能会受到同期间内其他政策的干扰。当其他政策也会对不同省份不同行业产生异质性影响时，这些政策会和环境政策一起产生混杂效应和内生性，导致估计结果的有偏和不一致。“十一五”期间的其他政策和相关事件主要有2008年北京奥运会和2004~2008年多个省份陆续开展的增值税改革试点。2008年中国为成功举办奥运会，对北京和北京周边制定了严格的环境规制措施，包括要求污染企业停产和搬迁、汽车限行等。这些政策和“十一五”期间的环境政策时间重合，但又只针对北京和周边省市，可能会影响回归结果。为了剔除北京奥运会的影响，采取两种方式：首先，剔除受到奥运会影响最大的地区，主要是北京、天津和河北。为此，在表6-5的实证中剔除北京、天津、河北的样本重新进行回归。发现回归系数的大小略有变化，但符号和显著性变化不大，说明前面回归中环境政策对制造业加总生产率和资源配置的影响并不是受到北京奥运会影响而导致的。其次，剔除2008年的样本。考虑到北京奥运会的影响主要是在举办年份2008年，其他年份并不会受到该事件的影响，研究中剔除全部2008年的样本。表6-5中也列出了剔除2008年样本的回归结果，发现各列回归系数大小、符号和显著性差别不大。这进一步证实2008年北京奥运会的举办虽然导致北京和周边地区环境及企业行为的变化，但这并不会影响到研究中的主要结论，环境政策仍然是有利于提升加总制造业生产率，同时引起资源配置情况的改善的。

表6-5　排除北京奥运会影响

剔除北京、天津、河北的样本					
被解释变量	GTFP	within_effect	between_effect	enter_effect	exit_effect
T×lnintensity×so_2_reduce	0.037** (0.017)	-0.017** (0.008)	0.027*** (0.010)	0.013* (0.007)	0.014 (0.011)
N	6712	6712	6712	6712	6712
adj. R^2	0.183	0.292	0.110	0.263	0.289
剔除2008年的样本					
被解释变量	GTFP	within_effect	between_effect	enter_effect	exit_effect
T×lnintensity×so_2_reduce	0.031** (0.014)	-0.014** (0.007)	0.023*** (0.008)	0.014** (0.007)	0.010* (0.006)
N	6871	6871	6871	6871	6871
adj. R^2	0.152	0.323	0.096	0.252	0.202

注：括号中为稳健的标准误，回归中均控制了省份×年份固定效应、省份×行业固定效应、行业×年份固定效应三个交叉维度的固定效应，***、**、*分别表示显著性水平为1%、5%和10%。

另一个可能影响环境政策效应的经济政策是自 2004 年起一些地区陆续开展的增值税改革试点。中国 1994 年分税制改革确立的是生产型增值税制度，与国际社会采用的消费性增值税相比，中国的生产型增值税制度在运行中出现了一系列新的问题。尤其是对固定资产的进项税不予扣除，导致重复征收问题，削弱了企业尤其是高科技企业的国际竞争力（毕明波，2008；周广仁，2018）。为此，2004 年 7 月 1 日开始，中国开始在东北地区开展增值税改革试点，试点只在部分行业中进行，并且只采用进项税增量抵扣。2007 年 7 月 1 日，增值税改革开始在中部六省份进一步试点；2008 年 8 月 1 日，财政部和国家税务总局联合发文将汶川地震受灾严重地区纳入增值税改革试点范围，此次增值税改革试点相比以往力度更大，也进行了一定的调整。取消了增量限制，允许企业新购入机器设备进项税额完全抵扣，同时也取消行业限制。有了这些改革试点的经验，中国增值税改革 2009 年 1 月 1 日在全国实施。

增值税改革允许企业在购买机器设备时抵扣进项税额，这有利于资本密集型行业提升全要素生产率。资本密集型行业往往也是污染密集型行业，且改革试点也首先在东北地区的省份进行，这些省份也面临相对较高的减排比例，因此该项增值税改革政策可能会干扰环境政策的影响。为了排除增值税改革对环境政策效应的影响，参考相关研究（Shi and Xu，2018），将固定资产净值作为控制变量，重新进行回归。表 6-6 列出了控制增值税改革政策影响的回归结果，发现各列回归系数的大小和显著性变化不大，环境政策对加总生产率有正向影响，主要来自企业内效应、企业间效应和进入效应，退出效应仍然不显著。

表 6-6　排除增值税改革政策影响

被解释变量	GTFP	within_ effect	between_ effect	enter_ effect	exit_ effect
T×lnintensity×so_2_ reduce	0.037*** (0.012)	−0.015** (0.007)	0.025*** (0.009)	0.016** (0.007)	0.011 (0.009)
lnasset	−4.273*** (1.521)	−0.191 (0.980)	0.355 (1.132)	−1.526 (0.967)	−2.911*** (0.798)
N	7622	7622	7622	7622	7622
adj. R^2	0.169	0.302	0.101	0.256	0.271

注：括号中为稳健的标准误，回归中均控制了省份×年份固定效应、省份×行业固定效应、行业×年份固定效应三个交叉维度的固定效应，***、**分别表示显著性水平为 1%、5%。

三、环境政策非随机问题

“十一五”期间主要污染物排放控制计划中中央对各省份减排比重的分配参考了各省份的经济环境质量状况、环境容量、排放基数、经济发展水平和削减能力等因素，因此环境政策并非随机的。尽管环境政策非随机，但这对实证结果的影响也是非常有限的。这是因为，研究中采用的三重差分方法可以剔除各省份固定效应及省份和时间同时变化固定效应的影响，且三重差分检验的是在 2006 年环境政策后二氧化硫排放减少比例更高省份的二氧化硫污染排放密集度更高的行业全要素生产率变化是否更大，以及资源配置效应是否有更大的变化。理论上，这些变量并不会对二氧化硫污染排放密集度更高的行业全要素生产率及资源配置效应有更大的影响，这些影响环境政策的变量对实证结论的影响有限。

尽管如此，为了排除政策非随机性干扰，本书也采取以下方法进行处理：首先，将各省的二氧化硫排放缩减比例对各省份的变量进行回归，得到影响中央对各省二氧化硫排放缩减比例分配的影响因素；其次，分别将这些因素与政策时间变量和行业二氧化硫污染排放密集度变量三项交乘作为控制变量，加入基准模型重新进行回归。表 6-7 列出了各省份二氧化硫排放缩减比例对各省变量的回归结果，地区生产总值、人均地区生产总值、第二产业比重、进出口占地区生产总值比重、在校大学生比重 5 个变量显著，说明这些因素会影响到中央对各省的污染物减排分配。随着代表地区经济规模的地区生产总值增加，省份需要增加的减排比重越大，即经济总量高的省份承担更高比重的二氧化硫排放缩减比例。随着代表经济发展水平的人均地区生产总值越高，省份需要增加的减排比重越大。第二产业比重越大，同样也需要承担越多的减排比例。以进出口占地区生产总值比重和外商直接投资占地区生产总值比重代表经济外向度，其中进出口占地区生产总值比重回归系数显著为负，意味着进出口比重越大的省份需要承担的减排比重越大。外商直接投资占地区生产总值比重的回归系数也为负，但统计上并不显著。代表人力资本水平的在校大学生比重的回归系数显著为正，即人力资本水平越高的省份承担越大比重的污染缩减比例。

表 6-7　中央分配各省份二氧化硫减排比重的影响因素

被解释变量	so_2_ reduce
gdp	0.001*** (0.000)
pgdp	5.311*** (0.947)
ind	9.631** (4.762)
out	-4.370*** (1.313)
finv	-0.516 (0.334)
edu	259.513*** (83.366)
N	244
adj. R^2	0.553

注：括号中为稳健的标准误，***、**分别表示显著性水平为1%、5%。

表 6-7 表明显著影响各省份二氧化硫排放缩减比例的变量为地区生产总值、人均地区生产总值、第二产业比重、进出口占地区生产总值比重、人均在校大学生比重，表 6-8 将这些变量与环境政策时间变量和行业二氧化硫排放密集度变量交乘作为控制变量，重新进行回归。第 1 列环境政策对加总全要素生产率的回归中，只有第二产业比重交互项的回归系数在 10%的水平上显著，其他控制变量均不显著。这也验证了在三重差分方法下，这些变量并不会导致不同行业之间加总全要素生产率的显著差异。同时，环境政策效应的回归系数大小、方向和显著性也变化不大。第 2~5 列将被解释变量替换为企业内效应、企业间效应、进入效应和退出效应，控制变量的回归系数大部分是不显著的，即使有个别显著也对环境政策变量的回归系数影响不大。这意味着，即使环境政策非随机，也不会影响到实证中的结论。

表 6-8　控制干扰环境政策的指标

被解释变量	GTFP	within_ effect	between_ effect	enter_ effect	exit_ effect
T×lnintensity×so_2_ reduce	0.037*** (0.013)	-0.015** (0.006)	0.027*** (0.009)	0.014* (0.008)	0.010 (0.007)

续表

被解释变量	GTFP	within_ effect	between_ effect	enter_ effect	exit_ effect
T×lnintensity×gdp	-0.055 (0.089)	-0.125*** (0.048)	0.058 (0.068)	0.021 (0.049)	-0.009 (0.037)
T×lnintensity×pgdp	-0.030 (0.965)	0.800 (0.514)	-1.273 (0.829)	0.146 (0.482)	0.297 (0.353)
T×lnintensity×ind	11.617* (6.880)	5.691 (4.341)	5.113 (6.409)	-3.844 (3.246)	4.657* (2.719)
T×lnintensity×out	-0.158 (1.577)	0.143 (0.848)	1.427 (1.298)	-1.279 (0.838)	-0.449 (0.557)
T×lnintensity×edu	-46.222 (107.636)	-146.918** (60.224)	82.083 (89.555)	30.744 (48.731)	-12.132 (44.447)
N	7622	7622	7622	7622	7622
adj. R^2	0.167	0.302	0.101	0.255	0.266

注：为便于显示回归系数，将地区生产总值 gdp 指标单位调整为千亿元。括号中为稳健的标准误，回归中均控制了省份×年份固定效应、省份×行业固定效应、行业×年份固定效应三个交叉维度的固定效应，***、**、*分别表示显著性水平为1%、5%和10%。

四、安慰剂检验

基准回归通过省份×年份固定效应、省份×行业固定效应、行业×年份固定效应三个交叉维度的固定效应控制了大部分影响被解释变量的其他因素，但仍存在同时随省份、行业、年份变化的不可观测的变量无法得到控制。如果这些变量和环境政策交互项相关，遗漏这些变量还是会引起内生性问题，导致估计结果有偏和不一致。此时，实证回归中环境政策交互项估计系数为：

$$\hat{\beta}=\beta+\gamma,\text{ 其中，}\gamma=\frac{\text{cov}\left(so_2\_reduce\times lnintensity_j\times T_t,\ \varepsilon_{ijt}\mid Z\right)}{\text{var}\left(so_2\_reduce\times lnintensity_j\times T_t\mid Z\right)} \tag{6-3}$$

当这些不可观测的因素没有被控制时，会进入扰动项。这将会有两种结果：如果不可观测因素与环境政策不相关，则 $\gamma=0$，此时遗漏这些变量不会影响回归结果；如果不可观测因素与环境政策相关，则 $\gamma\neq0$，产生内生性问题，导致实证结果的有偏和不一致。在实证中，无法获得不可观测的数据也无法直接检验 γ 是否为 0。但可以通过安慰剂检验，间接反推 γ 是否为 0。具体来看，通过随机设定各省份的二氧化硫减排比例，由于环境政策是随机生成的，理论上其并不会影响加总全要素生产率和其他资源配置效应，即此时 $\beta=0$。如果回归也得

到 $\hat{\beta}=0$，则根据式（6-3）可以反推 $\gamma=0$。为此，本书通过随机设定环境政策指标（二氧化硫减排比例），重新构造环境政策交互项进行回归得到环境政策的回归系数。为了避免单次结果的偶然性，重复该过程 500 次，计算回归系数的分布（见图 6-2）。

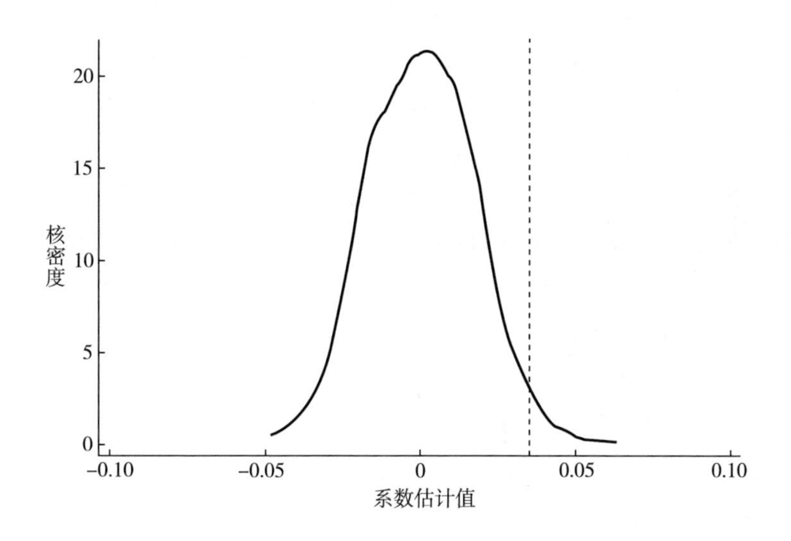

图 6-2　安慰剂检验

从图 6-2 中可以看出，模型回归结果中的系数均值为 0.0004，非常接近 0，模拟系数在 10% 的显著性水平下不能拒绝为 0。真实环境政策系数估计值为 0.035（图中虚线），远离该分布。具体来看，重复 500 次，大于 0.035 的有 17 次，计算的模拟 P 值为 17/500=0.034。根据该模拟结果，可以判断实证结论不受不可观测因素影响。

第五节　本章小结

本章实证检验环境政策对制造业加总生产率和资源配置的影响。理论上，环境政策可以采取不同的规制措施，不同规制措施对加总生产率和资源配置的影响也会不同，因此本章实证检验的是包括不同规制措施的环境政策的综合影响。

基于1998~2010年制造业2位数行业数据，以“十一五”期间主要污染物排放控制计划作为环境政策的自然实验，利用双重差分和三重差分方法进行了实证检验。相对以往研究多采用的是1998~2007年数据，本书采用1998~2010年数据可以涵盖整个“十一五”期间，可以检查环境政策效应的时间变化趋势，以及政府监督和激励机制的作用。实证方法上，在双重差分基础上进一步扩展到三重差分，可以控制更多维度的固定效应；且实证过程对可能影响实证结果的平行趋势检验、同期政策或事件干扰、环境政策非随机性、不可观测因素影响等各种因素进行了排除，得到结论较为稳健。

本章实证研究发现，环境政策有利于加总制造业生产率提升。进一步将加总生产率分解为企业内效应、企业间效应、进入效应和退出效应，以考察环境政策影响加总生产率的资源配置效应。研究发现，一方面，环境政策会阻碍企业本身生产率提升，不利于企业内资源配置；另一方面，环境政策通过企业规模变化和市场进入有利于优化企业间的资源配置，但退出效应的回归结果不显著。这些研究结论在各种检验下的结果稳健。

本章研究结论指出环境政策是有利于加总生产率提升的，因此，有效的环境政策可以是环境和经济的“双赢”结果。但在环境政策具体执行时，也需要考虑环境政策产生的资源配置效应，其对企业本身和企业间的资源配置影响是不同的。如何利用环境政策中有利于资源配置的效应，并尽可能避免对企业本身的不利影响，这是在制定环境政策中需要具体考虑的。此外，本章研究结论意味着考察环境政策对生产率的影响需要区分不同维度，在宏观加总的维度上环境政策有利于生产率提升，并不能说明环境政策能够促进企业生产率提升，因为加总生产率的提升还可能来自企业间的资源配置效率改善。这对关于环境政策对企业生产率影响的研究有一定的启示意义，在以往一些关于波特假说的检验和环境政策与生产率关系的实证研究中，这些研究采用的数据和方法不同，有些基于行业或地区数据而有些基于企业数据，最终得到的结论差异较大。本章研究给出了这种结论不一致的一个原因：不同数据维度，即检验企业效率的实证必须基于企业的数据。

第七章　环境政策与企业生产率

第一节　引言

环境政策与企业加总生产率和资源配置的实证发现，环境政策有利于加总生产率的提升，但对企业内资源配置效应不利，即环境政策不利于企业本身生产率的提升。但基于加总效应的实证无法识别具体的微观影响机制，为此，本章利用微观企业数据，进一步实证环境政策对企业本身生产率的影响。

关于环境政策与企业生产率的研究，早期观点认为环境政策增加了企业负担，使企业不得不将原先用于生产的要素和资源转而用于减少污染排放。比如，支付环保税、购买减排设施、研发新技术等。然而，Porter（1991）提出了不同观点，认为环境政策并不一定对企业不利，有效的环境政策也可能增加企业竞争力，这也被称为波特假说。虽然波特假说提出了环境政策可能增加企业竞争力，但并没有明确说明环境政策对企业生产率的影响。Jaffe 和 Palmer（1997）将波特假说分为三种：第一，狭义波特假说，指特定类型环境政策能够激励创新。第二，弱波特假说，指环境规制会激励某种类型的创新。环境规制会改变企业利润最大化的约束，导致企业选择某种创新。第三，强波特假说，指环境规制可以激励企业研发和技术创新。没有环境政策时，企业没有实现最优生产，而环境规制迫使企业拓展思路，寻找新的符合规制的产品和生产工艺并提升企业利润。强波特假说意味着环境规制不仅可以解决环境问题，还可以促进创新，实现环境和经济的双赢。本章实证环境政策对企业生产率的影响，也是对强波特假说在中国制造业中是否成立进行实证检验。

现有关于环境政策对企业生产率的研究得到的结论并不一致。一些研究发现环境政策有利于提升企业生产率（Yang et al.，2012；李树和陈刚，2013；任胜钢等，2019）；一些研究则发现环境政策不利于企业生产率（盛丹和张国峰，2019；He et al.，2020）；还有一些研究发现环境政策对企业生产率的影响非常小或不显著（Wang et al.，2018）。基于微观企业数据，一些研究讨论了环境政策影响的企业异质性，发现环境政策对不同生产率水平企业的生产率增长影响也不同（Albrizio et al.，2017）。

本章基于1998~2010年中国制造业企业数据，以“十一五”期间主要污染物排放控制计划作为环境政策实验，实证检验环境政策对企业生产率的影响，并考察环境政策对不同生产率水平企业的异质性影响。相对以往研究，本章的实证研究一方面利用了相对更长时间序列的企业数据，以往研究多基于1998~2007年中国工业企业数据，本书在对中国工业企业数据细致处理基础上采用了1998~2010年的数据，数据更丰富并涵盖整个“十一五”环境政策期间；另一方面采用“十一五”期间主要污染物排放控制计划的自然实验，也能够有效克服环境规制指标难以度量，以及实证中由于互为因果、对环境规制指标测量误差和遗漏变量导致的内生性问题。最后，考虑到环境政策对不同生产率企业的影响可能不同，实证中也对不同生产率企业的异质性影响进行了识别。

第二节　实证策略

以“十一五”期间主要污染物排放控制计划为自然实验，在2006年之后，中央对各省份政府分配二氧化硫减排比例不同，以此构造双重差分模型检验环境政策对企业生产率的影响。具体的计量经济模型如式（7-1）所示：

$$\ln TFP_{it}=\beta T_t\times so_2\_reduce_i+X_{it}\gamma+\mu_i+\nu_t+\varepsilon_{it} \tag{7-1}$$

其中，i表示企业，t表示年份。lnTFP为企业生产率的对数；T为环境政策时间，2006年之前为0，之后为1；so_2_reduce为“十一五”期间中央对各省份分配的二氧化硫减排比例，该比例越高各省份政府会执行越严格的环境政策，因此该指标可以代表环境政策的严厉程度。X为企业层面的一系列控制变量，包括

企业规模、资本密集度、企业年龄等。

为了考察环境政策对不同生产率企业的异质性影响，采取两种方法：第一种是分组回归，将企业按照生产率分为低生产率组和高生产率组，分别进行回归；第二种是加入滞后企业生产率与环境政策变量的交互项，检验交互项回归系数的显著性，此时的双重差分模型变为以下动态面板模型：

$$\ln TFP_{it} = \beta_0 \ln TFP_{it-1} + \beta_1 T_t \times so_2\_reduce_i + \beta_2 T_t \times so_2\_reduce_i \times \ln TFP_{it-1} + X_{it}\gamma + \mu_i + \nu_t + \varepsilon_{it} \tag{7-2}$$

模型中加入被解释变量之滞后项，会导致内生性问题，使用固定效应估计是不一致的。对于该动态面板模型，参考 Blundell 和 Bond（1998）的系统 GMM 方法，将差分 GMM 和水平 GMM 结合起来，将差分方程和水平方程作为一个方程系统进行 GMM 估计。

实证研究中使用的数据来自第四章，对企业生产率的计算来自第五章，关于数据来源和处理以及生产率的计算不再赘述，主要变量的描述性统计如表 7-1 所示。

表 7-1　主要变量的描述性统计

变量	含义	样本量	均值	标准差	最小值	最大值
year	年份	2237607	2005. 397	3. 570	1998	2010
T	政策时间（2006 年之前为 0，之后为 1）	2237607	0. 553	0. 497	0	1
so_2_reduce	二氧化硫减排比例（%）	2237607	14. 425	5. 219	0	25. 900
lnTFP	企业全要素生产率对数	2237607	1. 137	1. 046	-4. 684	4. 771
size	从业人数（人）	2237607	4. 707	1. 096	8	198971
pcap	人均资本存量（万元/人）	2237607	4. 607	11. 405	0. 000	2002. 355
age	企业年龄（年）	2237607	7. 089	4. 568	0	20

第三节　实证结果分析

一、环境政策对企业生产率的影响

首先考察环境政策对企业本身全要素生产率的影响，表 7-2 列出了环境政策对企业全要素生产率的双重差分计量回归结果。第1列仅控制企业固定效应和年份固定效应，没有加入任何控制变量，得到回归系数显著为负。中央对各个省份分配的减排指标中二氧化硫排放每减少1%，当地的企业全要素生产率提高0.7%，严格的环境政策会降低企业全要素生产率。考虑到不同省份二氧化硫排放缩减比重介于0~25.9，减排比重最小的省份和减排比重最大的省份之间由于环境政策强度的不同，可以对企业全要素生产率产生高达18%的影响。

表7-2　环境政策对企业生产率的影响

	DID	DID
$T \times so_2$_reduce	-0.007*** (0.000)	-0.006*** (0.000)
ln（size）		-0.187*** (0.002)
ln（pcap）		0.233*** (0.001)
lnage		0.179*** (0.002)
企业固定效应	是	是
年份固定效应	是	是
N	2175452	2115988
adj. R^2	0.672	0.699

注：括号中为稳健的标准误，*** 表示显著性水平为1%。

第2列加入企业层面的控制变量，环境政策的回归系数的方向和显著性不变，大小略有降低。这可能是由于企业层面控制变量和政策之间存在一定相关性，遗漏这些变量导致估计的有偏和不一致。关于企业层面的控制变量中，企业规模对数的回归系数显著为负。这和国外文献中发现的大企业通常具有高生产率不同，从回归结果中看，中国的企业规模较大的生产率反而更低，这可能是由于企业规模和资本密集度有一定的共线性导致估计系数受到影响的。代表资本密集度的人均资本存量越高，全要素生产率也越高，即资本密集型企业的全要素生产率反而更低。企业年龄变化的回归系数显著为正，即企业成立年份越久，企业的生产率也越高。

二、环境政策对异质性企业生产率的影响

同样，环境政策对不同企业的影响大小以及企业对环境政策的反应不同，尤其体现在不同生产率水平的企业中。对于高生产率企业，企业可以有更多的技术和产品选择、调动更多的资源用于规避环境政策的影响。比如，可以选择能源利用率和排放更低的生产技术或生产低排放的产品，投入资金购买节能环保设备，投入人力和物力研发绿色环保技术等。而对于低生产率企业，资源有限，企业能够选择的技术和产品有限。面对严格的环境政策，低生产率企业受到的影响更大。为此，进一步研究环境政策对不同生产率企业的异质性影响。

实证研究中通过两种方式考察环境政策对不同生产率企业的异质性影响。首先，将企业按照50%分位数区分为高生产率企业和低生产率企业，进行分组回归。表7-3列出分组回归结果。对于低生产率企业，环境政策回归系数为-0.007，意味着环境政策不利于低生产率企业的生产率增长，且回归系数的绝对值大于采用全部样本时的回归系数，表明环境政策对低生产率企业的负面影响相对更大。对于高生产率企业，环境政策的回归系数为-0.003，环境政策也不利于高生产率企业的生产率增长。但其绝对值低于采用全部样本时的回归系数，表明环境政策对高生产率企业的影响相对更小。通过分组回归发现，环境政策是不利于企业生产率增长的，其中对低生产率企业的影响相对高生产率企业更大。

表7-3 环境政策对异质性企业生产率的影响（分组估计）

	低生产率企业	高生产率企业
$T\times so_2\_reduce$	-0.007^{***} (0.000)	-0.003^{***} (0.000)
ln（size）	-0.058^{***} (0.002)	-0.241^{***} (0.002)
ln（pcap）	-0.138^{***} (0.002)	-0.180^{***} (0.001)
lnage	0.099^{***} (0.003)	0.108^{***} (0.002)
企业固定效应	是	是
年份固定效应	是	是
N	986851	1006363

续表

	低生产率企业	高生产率企业
adj. R^2	0.544	0.596

注：括号中为稳健的标准误，*** 表示显著性水平为 1%。

采用分组回归存在两个问题：第一，分组的临界点是人为确定的；第二，分组导致每组的样本量减少，会损失回归的有效性。为此，另一种方法是采取交互项识别，构造环境政策和生产率水平的交互项来识别随着生产率变化环境政策的边际影响。表 7-4 列出了回归结果，第 1~2 列直接采用双重差分回归。第 1 列控制企业固定效应和年份固定效应，没有加入控制变量，环境政策回归系数为负，环境政策与企业上期生产率交互项的回归系数为正，这意味着环境政策不利于企业生产率增长，但随着企业生产率增加，环境政策对企业生产率的负面影响减小。第 2 列在控制企业固定效应和年份固定效应基础上，加入企业层面的控制变量，回归系数大小略有变化，但方向和显著性不变。由于回归中有被解释变量的滞后项，进行双重差分估计时被解释变量的滞后项会和扰动项相关，使估计结果不一致。可以采用被解释变量的更高阶滞后项及其他变量的滞后项作为工具变量进行估计，常见的有差分 GMM、水平 GMM 和系统 GMM。系统 GMM 可以同时利用差分方程和水平方程进行估计，并具有多个优点。第 3 列采用系统 GMM 进行估计，得到的回归系数大小略有变化，但方向和显著性不变。关于扰动项自相关的检验中，存在一阶自相关，但拒绝存在二阶自相关，说明采用 GMM 方法是有效的。

表 7-4　环境政策对异质性企业生产率的影响（联合估计）

	DID	DID	GMM
ln（TFP_{t-1}）	0.145*** （0.001）	0.133*** （0.001）	0.139*** （0.003）
T×so_2_reduce	−0.006*** （0.000）	−0.009*** （0.000）	−0.010*** （0.000）
T×so_2_reduce×ln（TFP_{t-1}）	0.001*** （0.000）	0.002*** （0.000）	0.001*** （0.000）
ln（size）		−0.214*** （0.002）	−0.452*** （0.004）

续表

	DID	DID	GMM
ln（pcap）		−0.226*** （0.001）	−0.319*** （0.002）
lnage		0.072*** （0.003）	0.072*** （0.003）
企业固定效应	是	是	是
年份固定效应	是	是	是
N	1700200	1700200	1752557
adj. R^2	0.724	0.735	
Arellaon-Bond test L1（P）			0.000
Arellaon-Bond test L2（P）			0.352

注：括号中为稳健的标准误，*** 表示显著性水平为1%。

第四节 稳健性检验

一、平行趋势检验

双重差分方法成立的前提条件是环境政策前不同组别不存在显著性趋势差异，为此需要进行平行趋势检验。将环境政策时间替换为1998~2010年每一年的虚拟变量，实证在每一年不同组别之间的全要素生产率对数是否存在显著差别。其中，以2005年为比较基准，即2005年的回归系数设定为0，其他年份以此为比较基准。

回归结果见图7-1，可以看到在2006年之前，回归系数总体上是不显著的。这说明回归满足平行趋势，即在“十一五”期间主要污染物排放控制计划环境政策之前，不同企业在生产率变化趋势上并没有显著差别。而在2006年之后，环境政策效应开始逐步显现出来，不同环境政策省份的企业生产率呈现出显著差别。随着环境政策变得严格，企业生产率变得越来越低。这意味着不同环境政策强度地区的企业生产率差异正是由于“十一五”期间主要污染物排放控制计划对各省的减排比例要求不同引起的，环境政策对企业生产率有显著影响。

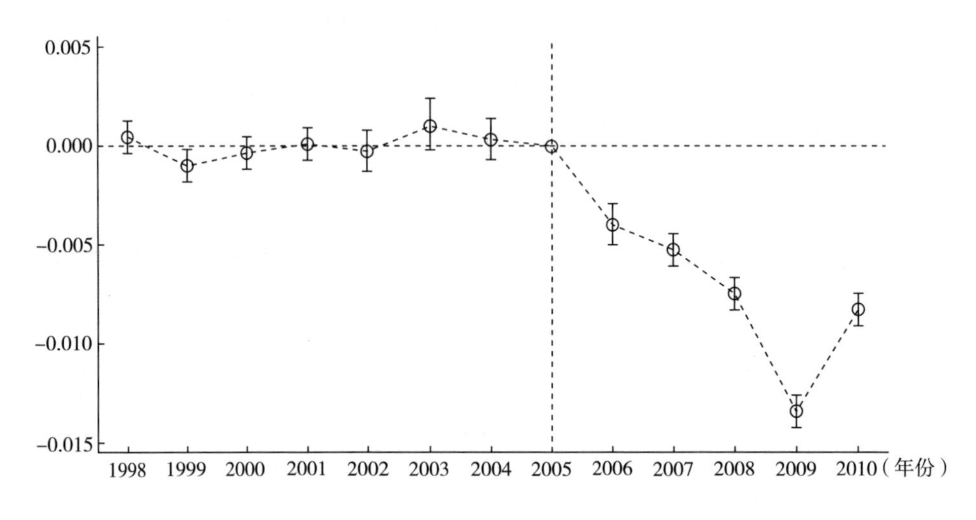

图 7-1　平行趋势检验

注：图中圆圈为回归系数，上下界为 95%的置信区间。其中 2005 年为比较基准，回归中均控制了企业固定效应、年份固定效应和控制变量。

二、排除同期事件影响

企业生产率不仅受到环境政策影响，也会受到其他事件的影响，如果环境政策和其他事件发生在同一时期，那么可能会导致错误识别环境政策的影响。“十一五”期间的其他政策和相关事件主要有 2008 年北京奥运会和 2004~2008 年多个省份陆续开展的增值税改革试点。2008 年中国为成功举办奥运会，对北京和北京周边制定了严格的环境规制措施。这和“十一五”期间的环境政策时间重合，可能会影响回归结果。为了剔除北京奥运会的影响，采取两种方式：首先，剔除受到奥运会影响最大的地区，主要是北京、天津和河北。其次，剔除 2008 年的样本。考虑到北京奥运会的影响主要是在 2008 年的举办年份，其他年份并不会受到该事件的影响，研究中剔除全部 2008 年的样本。

表 7-5 列出回归结果，各列回归中均控制了企业固定效应和年份固定效应。第 1~2 列是剔除北京、天津和河北地区企业样本后的回归结果，其中第 1 列只加入二氧化硫减排比重和政策时间交互项的回归系数显著为负，回归系数的大小、方向和显著性变化不大。第 2 列进一步加入企业上期生产率对数的交互项，环境

政策主项系数为负，交互项系数显著为正，和基准回归结果一致。这表明环境政策总体上不利于企业生产率，但随着企业生产率提升，环境政策对企业生产率的负面影响递减。第3~4列是剔除2008年样本后的回归结果，第3列只加入二氧化硫减排比重和政策时间交互项的回归系数显著为负，回归系数的大小、方向和显著性变化不大。第4列进一步加入交互项，主项和交互项回归系数的符号和基准回归一致，大小和显著性均变化不大。通过表7-5的回归结果，表明2008年北京奥运会事件对回归结果和基本结论影响不大，环境政策对企业生产率的负面影响，以及环境政策对不同生产率水平企业的异质性影响结论是稳健的。

表7-5 排除北京奥运会影响

	（1）	（2）	（3）	（4）
$T\times so_2\_reduce$	-0.006*** （0.000）	-0.009*** （0.000）	-0.006*** （0.000）	-0.010*** （0.000）
$\ln(TFP_{t-1})$		0.136*** （0.001）		0.134*** （0.001）
$T\times so_2\_reduce\times\ln(TFP_{t-1})$		0.002*** （0.000）		0.003*** （0.000）
控制变量	是	是	是	是
企业固定效应	是	是	是	是
年份固定效应	是	是	是	是
N	1971822	1584916	1850914	1513092
adj. R^2	0.700	0.735	0.688	0.723

注：括号中为稳健的标准误，***表示显著性水平为1%。

2004~2008年全国范围内也在进行增值税改革试点，增值税改革试点允许试点地区的企业在购买机器设备时抵扣进项税额。这项改革有利于资本密集型行业，提升资本密集型行业的全要素生产率。资本密集型行业往往也是污染密集型行业，改革试点也首先在东北地区的省份进行，这些省份也面临相对更高的减排比例，因此该项增值税改革政策可能会干扰环境政策的影响。为了排除增值税改革对环境政策效应的影响，在实证回归中加入企业资本存量的对数作为控制变量，重新进行回归。回归结果见表7-6，第1列只加入二氧化硫减排比重和政策时间交互项及企业资本存量的对数作为控制变量，该交互项的回归系数显著为负，与基准结果相比变化不大。资本存量对数的回归系数显著为负，表明资本存量越高的企业，企业的全要素生产率越低。第 2 列进一步加入环境政策和企业上期全要素生产率对数的交互项，发现主项系数显著为负，交互项回归系数显著为正，这和基准回归的结果基本一致。表 7-6 的回归结果表明，环境政策对企业生产率的负面影响，以及环境政策对不同生产率企业的异质性影响并不会受到同期增值税改革试点事件影响。

表 7-6　排除增值税改革影响

	(1)	(2)
T×so_2_reduce	-0.006*** (0.000)	-0.009*** (0.000)
ln（TFP_{t-1}）		0.133*** (0.001)
T×so_2_reduce×ln（TFP_{t-1}）		0.002*** (0.000)
ln（cap）	-0.187*** (0.002)	-0.214*** (0.002)
控制变量	是	是
企业固定效应	是	是
年份固定效应	是	是
N	2115988	1700200
adj. R^2	0.699	0.735

注：括号中为稳健的标准误，*** 表示显著性水平为 1%。

三、环境政策非随机问题

“十一五”期间主要污染物的排放控制计划中央对各省份减排比重的分配参考了各省份经济环境质量状况、环境容量、排放基数、经济发展水平和削减能力等因素，因此环境政策并非随机的。为了排除政策非随机性干扰，本书采取以下方法进行处理：首先，将各省份的二氧化硫排放缩减比例对各省份的主要经济变量进行回归，得到中央对各省份二氧化硫排放缩减比例分配的影响因素；其次，分别将这些因素与政策时间变量交互项作为控制变量，加入基准模型重新进行回归，观察加入这些交互项后环境政策交互项回归结果是否发生变化。

关于各省份的二氧化硫排放缩减比例对各省份的主要经济变量进行回归的结果在第六章已经进行，这里不再重复。其得到的影响各省份的二氧化硫排放缩减比例的经济变量主要有地区生产总值、人均地区生产总值、第二产业比重、进出口占地区生产总值比重、人均在校大学生人数 5 个变量。将这 5 个变量与政策时间变量交乘加入基准回归。表 7-7 列出了回归结果，第 1 列控制省份经济变量与政策时间交互项后，只加入各省份的二氧化硫排放缩减比例与政策时间交互项，发现各省份的二氧化硫排放缩减比例与政策时间交互项回归系数显著为负，和基准回归中得到的结果一致。控制变量中各项回归的结果也是显著的，说明这些省份层面的变量确实对企业生产率产生了影响。但是各省份的二氧化硫排放缩减比例与政策时间交互项的回归结果变化不大，意味着这些变量对环境政策与企业生产率关系的影响不大。第 2 列进一步加入二氧化硫排放缩减比例、政策时间和企业上期生产率对数三项交乘，发现主项系数显著为负，三项交乘的回归系数显著为正，也是和基准回归结果一致的。通过以上研究表明，各省份二氧化硫排放缩减比例并不是随机的，受到省份本身经济因素的影响。但是这种非随机性并不会对环境政策与企业生产率的关系产生太大影响。

表 7-7 排除环境政策非随机影响

	(1)	(2)
$T\times so_2\_reduce$	-0.007*** (0.000)	-0.011*** (0.001)
T×gdp	-0.000*** (0.000)	-0.000*** (0.000)
T×pgdp	-0.225*** (0.002)	-0.198*** (0.003)
T×ind	0.386*** (0.022)	0.159*** (0.026)
T×out	0.025*** (0.003)	0.083*** (0.004)
T×edu	6.880*** (0.364)	7.537*** (0.522)
$\ln(TFP_{t-1})$		0.123*** (0.001)

续表

	(1)	(2)
$T\times so_2\_reduce\times\ln(TFP_{t-1})$		0.003*** (0.000)
$T\times gdp\times\ln(TFP_{t-1})$		0.000*** (0.000)
$T\times pgdp\times\ln(TFP_{t-1})$		0.038*** (0.002)
$T\times ind\times\ln(TFP_{t-1})$		0.085*** (0.009)
$T\times out\times\ln(TFP_{t-1})$		-0.057*** (0.002)
$T\times edu\times\ln(TFP_{t-1})$		-3.856*** (0.312)
控制变量	是	是
企业固定效应	是	是
年份固定效应	是	是
N	2115988	1700200
adj. R^2	0.702	0.737

注：括号中为稳健的标准误，*** 表示显著性水平为 1%。

四、安慰剂检验

基准回归通过省份和年份固定效应控制了大部分影响企业生产率的其他因素，但仍存在同时随省份和年份变化的不可观测的变量无法得到控制的问题。遗漏这些变量还是会引起内生性问题，导致估计结果的有偏和不一致。对此，无法直接检验是否存在遗漏变量问题。但可以通过间接的方法倒推是否存在遗漏变量。理论上，通过随机设定核心解释变量，其回归系数不显著。如果回归中发现该随机设定核心解释变量回归确实不显著，则说明其和扰动项之间无相关性。那么，遗漏的变量也不会导致结果的不一致。

本书研究中的核心解释变量是环境政策，通过随机设定环境政策指标（二氧化硫减排比例），重新构造环境政策交互项进行回归得到环境政策的回归系数。为了避免单次结果的偶然性，重复该过程 500 次，计算回归系数的分布。图 7-2

列出了 500 次回归得到的环境政策交互项回归系数的分布，虚线表示基准回归中的回归系数。可以发现，其分布位于 0 附近，且远离基准回归中的回归系数。因此，实证中并不存在与环境政策相关的影响回归结果的遗漏变量问题，且基准回归中的结果也不是随机偶然性的结果。

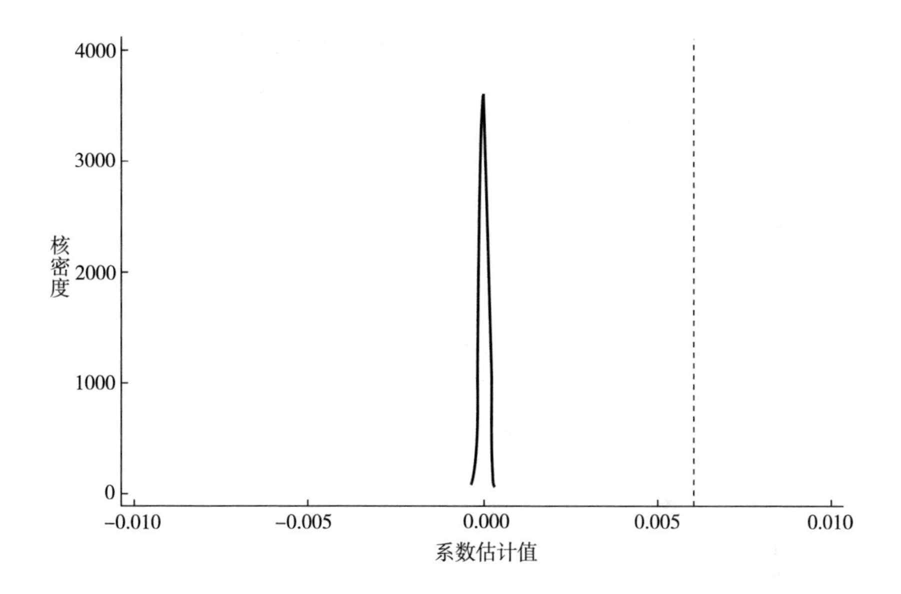

图 7-2 安慰剂检验

第五节 本章小结

本章实证环境政策对企业本身生产率的影响。这既是对环境政策的资源配置效应中企业内效应微观机制的检验，也是对强波特假说的一次实证检验。将“十一五”期间中央对各省份分配的主要污染物排放控制计划作为环境政策的自然实验，利用 1998~2010 年中国制造业企业数据，利用双重差分模型进行实证研究。研究发现，环境政策不利于企业全要素生产率提升，且这种影响在不同生产率企业间存在异质性。对于低生产率企业，环境政策对企业生产率的负面影响更大。这反映了不同生产率企业在面对环境政策时受到的负面冲击和应对能力不同。高生产率企业有更多的技术和产品选择、调动更多的资源用于规避环境政策的影响。比如，可以选择能源利用率和排放更低的生产技术或生产低排放的产品，投入资金购买节能环保设备，投入人力和物力研发绿色环保技术等。而低生产率企业的资源和能力有限，企业能够选择的技术和产品有限。面对严格的环境政策，低生产率企业受到的影响更大。因此，环境政策既需要考虑到规制加强时增加的企业负担，对企业的负面影响，也要考虑到其对不同生产率企业的异质性的影响，避免低生产率企业短期受到过大冲击而产生大规模失业、企业倒闭等问题。

第八章　环境政策与异质性企业研发

第一节　引言

企业本身的生产率增长来自企业的自主研发行为。企业是将资源用于研发还是将资源用于扩大生产规模，这也是一种企业内的资源配置效应。企业将资源用于研发，有利于企业的全要素生产率增长；而企业将资源用于扩大生产规模，则只会带来企业规模的提升，不会改变企业全要素生产率。因此，企业将资源用于研发，带来了企业内资源配置效率的改善，进而提升加总全要素生产率。本章实证环境政策对企业研发的影响。

环境政策与企业研发的关系，学界观点向来不统一。从理论上看，一方面，环境政策增加了企业负担，迫使企业将要素和资源从生产性用途转移到减排中，导致企业研发投入减少和生产率增速下降。另一方面，环境政策也会激励企业研发和技术创新，促进企业生产率提升（Porter and van der Linde，1995）。相关文献进行了大量实证，得出的结论也不一致（王班班，2017）。导致实证结论不一致主要是因为：第一，实证中的数据和方法问题，环境政策本身难以度量并具有内生性。事实上，绝大部分实证研究的结论差异可归结于度量指标选取和方法问题（Jeppesen et al.，2002）。第二，也是更关键的，环境政策对研发投入的影响可能与企业本身技术条件相关。面对同样的环境政策，技术水平高的企业进行研发的边际利润更高，环境政策会导致高技术企业通过研发获得更多的资源和市场份额，而低技术企业研发的边际利润较低，环境政策反而减少企业的研发投入，甚至企业会退出市场。

本章从企业技术异质性角度考察环境政策对企业研发的影响。环境政策一方面削弱企业研发的边际利润，不利于企业研发；另一方面也会刺激企业通过研发来摆脱环境政策成本。面对同样的环境政策，不同技术企业在利润削弱效应和摆脱规制效应共同作用下，研发选择也会不同。本章首先构建了一个理论模型，污染企业通过研发提高生产率或绿色技术创新，以实现利润最大化。环境政策力度增加时，对于高技术企业，摆脱竞争效应超过利润削弱效应，企业会通过研发来摆脱环境政策带来的成本增加；而对于低技术企业，利润削弱效应占主导地位，环境政策力度增加削弱了研发的边际利润，反而阻碍企业研发。进一步利用“十一五”规划中央对各省份分配的二氧化硫控制计划构造环境政策实验，对以上理论进行检验。本章发现严格的环境政策有助于高生产率企业增加研发，但这种对研发的促进作用随着企业与技术前沿的距离增加而递减，并最终逆转为不利于低生产率企业研发，证实了理论分析。

本章是对环境政策企业内资源配置效应的机制检验和进一步扩展研究，主要创新点和边际贡献体现在：第一，提出利润削弱效应和摆脱规制效应共同作用下，环境政策对异质性企业研发有不同影响的观点，丰富了现有环境政策与创新的理论研究。第二，以“十一五”期间中央对各省份分配的主要污染物排放控制计划构造环境政策的自然实验，有效克服环境规制的度量困难和内生性问题，可以得出更具可靠性的研究结论。

第二节　理论分析

理论模型是建立在 Aghion 等（2004）基础之上，通过引入环境政策，以分析在环境政策下异质性企业的不同研发选择。具体来看，设定一系列离散时间 t=1，2，…，经济体中的人口数量固定为 1，每一时刻消费者只消费一种最终产品 Y，这种最终产品由一系列连续的中间产品组合而成，即

$$Y_t = \int_0^1 A_{it}^{1-\alpha} x_{it}^{\alpha} di \tag{8-1}$$

式（8-1）中，A_{it} 表示企业 i 在时刻 t 的生产率，x_{it} 表示企业 i 在时刻 t 的

中间投入数量，系数 α 介于0到1。

中间投入为垄断市场，以最终产品作为唯一投入1∶1生产，中间品生产过程中会产生副产品——污染物排放，环境政策采取对污染企业征税的方式，令单位产品税率为 τ。将最终产品的价格标准化为1，此时中间投入生产企业的利润最大化条件为：

$$\pi_{it}=p_t x_t-(1+\tau)x_t \tag{8-2}$$

设定最终产品市场是完全竞争的，因此中间投入的价格等于其边际产品价值。根据式（8-1），可以得到：

$$p_{it}=\alpha A_{it}^{1-\alpha}x_{it}^{\alpha-1} \tag{8-3}$$

根据式（8-2）和式（8-3），以及中间投入企业利润最大化一阶条件，得到中间投入的均衡量：

$$x_{it}=(1+\tau)^{\frac{1}{\alpha-1}}\alpha^{\frac{2}{1-\alpha}}A_{it} \tag{8-4}$$

均衡企业利润：

$$\pi_{it}=(1+\tau)^{\frac{\alpha}{\alpha-1}}\delta A_{it}\text{，其中，}\delta=(1-\alpha)\alpha^{\frac{1+\alpha}{1-\alpha}} \tag{8-5}$$

可见，企业的利润由环境政策和企业本身的生产技术决定。技术水平越高，企业利润越大；而由于 $\partial\pi/\partial\tau<0$，环境政策则会降低企业的利润。

异质性企业具有不同的基准生产率，为了简化讨论，设定两种类型的企业：一种是接近技术前沿的高生产率企业h；另一种是远离技术前沿的低生产率企业l。高生产率企业的技术比低生产率企业的技术高一个等级，令 $A_h=\gamma A_l$，其中 $\gamma>1$。企业可以通过创新提升基准生产率或者研发绿色生产技术来摆脱环境规制政策。遵循Aghion和Howitt（2009）的设定，创新采取一种阶梯方式的创新，即企业通过研发可以以一定概率z达到高一级技术，但不可以跨级创新。因此，接近技术前沿的高生产率企业可以通过研发绿色技术来摆脱环境政策对企业利润的负面影响，而远离技术前沿的低生产率的企业想要研发绿色技术则首先需要达到接近技术前沿的高生产率企业的技术水平。为了以概率z成功创新，企业需要投入研发成本为：

$$c_{it}=\frac{1}{2}cz_{it}^2A_{it} \tag{8-6}$$

随着企业创新概率的提升，创新的边际成本是递增的。同时，由于低生产率企业可以借鉴和模仿高生产率企业的技术，低生产率企业的创新成本也低于高生产率企业。

对于接近技术前沿的高生产率企业，若研发成功，企业可以摆脱环境政策的限制，利润变为 δA_h；若研发失败，企业利润仍为$(1+\tau)^{\alpha/\alpha-1}\delta A_h$。因此，高生产率企业的期望利润为：

$$\prod_h = z_h \delta A_{ht} + (1 - z_h)(1 + \tau)^{\frac{\alpha}{\alpha-1}} \delta A_{ht} - \frac{1}{2} c z_h^2 A_{ht} \tag{8-7}$$

由利润最大化一阶条件，可以求出最优研发支出为：

$$z_h = \frac{1-(1+\tau)^{\frac{\alpha}{\alpha-1}}}{c} \tag{8-8}$$

由于 $\partial z/\partial\tau>0$，因此，严格的环境政策会使高生产率企业增加研发支出。之所以出现这种结果，是因为环境政策一方面削弱了企业研发的边际利润［式（8-7）中的第二项］，不利于企业的研发；另一方面也会刺激企业通过研发而摆脱环境政策的负面影响［式（8-7）中的第一项］，有利于企业研发。对于高生产率企业而言，这种摆脱规制效应超过利润削弱效应，严格的环境政策会使高生产率企业增加研发。

对于远离技术前沿的低生产率企业，想要研发绿色技术，企业必须首先达到接近技术前沿的高生产率企业的技术水平。若研发成功，其技术可以提升一个等级，利润变为$(1+\tau)^{\alpha/\alpha-1}\gamma\delta A_l$；若研发失败，其利润保持不变，仍为$(1+\tau)^{\alpha/\alpha-1}\delta A_l$。因此，低生产率企业的期望利润为：

$$\prod_l = z(1 + \tau)^{\frac{\alpha}{\alpha-1}} \delta\gamma A_{lt} + (1 - z)(1 + \tau)^{\frac{\alpha}{\alpha-1}} \delta A_{lt} - \frac{1}{2} c z^2 A_{lt} \tag{8-9}$$

由利润最大化一阶条件，可以求出最优研发支出为：

$$z_l = \frac{(1+\tau)^{\frac{\alpha}{\alpha-1}}(\gamma-1)}{c} \tag{8-10}$$

由于 $\partial z/\partial\tau<0$，因此，环境政策会使企业减少研发支出。这是因为，低生产率企业要进行绿色技术创新首先要达到技术前沿，无论企业是否研发成功，环境政策都会削弱企业的边际利润，即利润削弱效应占主导地位，因此，低生产率企业会减少研发投入。

根据以上理论可见，环境政策对企业研发会产生两种相反的效应：利润削弱效应和摆脱规制效应。对于接近技术前沿的高生产率企业，摆脱规制效应超过利润削弱效应，严格的环境政策会刺激企业增加研发以摆脱环境政策的规制成本；

而对于远离技术前沿的低生产率企业，利润削弱效应占主导地位，严格的环境政策会削弱企业研发的边际利润，这反而会阻碍企业的研发。

第三节 实证分析

一、实证方法

基于时间维度上，环境政策存在明显的时间断点，以及省级维度上不同省份的环境政策力度不同，实证上可以构造双重差分模型对环境政策与企业研发的关系进行识别。同时，如前文所述，环境政策对不同技术水平企业的影响也不同。高技术企业受到环境政策影响会进行更多的研发投入；而低技术企业反而减少研发投入，即环境政策对研发的影响随着企业技术水平的提升而增加，该效应可以通过环境规制力度与企业技术的交互项识别。

为此，构造如下双重差分模型：

$$lnRD_{ict}=\beta so_2\_reduce_c\times T_t+X_{ct}\gamma+u_{ic}+v_t+\varepsilon_{ict}$$
$$\beta=\beta_1+\beta_2 dist_i \tag{8-11}$$

其中，i、c 和 t 分别表示企业、省份和年份，lnRD 为企业的研发投入的对数，so_2_reduce 为“十一五”期间中央对各省份分配的二氧化硫减排比重，代表了环境政策的力度。T 为政策断点，2005 年为 0，2007 年为 1。这里剔除 2006 年是因为中国工业企业数据库中只有 2005～2007 年报告研发投入，而“十一五”期间中央对各省份分配的二氧化硫减排比重的文件正式发布时间为 2006 年 8 月，恰处于年中。这导致研发在 2006 年的变化既包括了政策前效应也包括了政策后效应，为了防止 2006 年数据的干扰故将其剔除。交互项 $so_2\_reduce\times T$ 的系数表示环境政策实施后，环境政策对研发的边际影响，如果环境政策有利于企业研发，那么应该观察到政策实施后，环境政策更严格的地区会增加研发，即系数 β 为正，否则为负。考虑到政策影响随着企业技术水平而不同，因此，政策影响 β 中包含了代表企业技术距离的 dist，即环境政策对研发的边际影响随着企业技术不同而不同。技术距离以全国范围内特定行业内生产率最高的企业为技术前沿，其他企业与其生产率差距为技术距离，并将其标准化为 0 到 1。具体

计算方法为 $dist_i=(TFP_{max}-TFP_i)/(TFP_{max}-TFP_{min})$。若更接近技术前沿的企业受到环境政策的影响更大，那么预期估计系数 β_2 为负数。控制变量为可能影响企业研发投入的随时间变化的一系列企业和城市因素，具体包括企业规模、政府补贴、出口情况、企业所在行业竞争程度、市场规模、城市的人力资本水平等，具体见表 8-1。

表 8-1 主要变量的描述性统计

变量	变量含义	N	mean	sd	min	max
RD	研发开发费（百万元）	530282	3.168	123.991	0	53987.126
TFP	全要素生产率	530282	3.665	0.996	0.047	6.369
so_2_reduce	二氧化硫减排比例	530282	0.146	0.052	0	0.259
dist	技术距离	530282	0.431	0.157	0	1
labor	全部从业人员人数（万人）	530282	0.023	0.087	0.001	18.815
asset	固定资产净值（实际值，亿元）	530282	2.824	148.286	0.000	81175.445
export	出口交货值（实际值，亿元）	530282	1.960	40.916	0	19763.707
subsidy	补贴收入（实际值，亿元）	530282	0.016	0.349	0	104.201
hhi	行业竞争度	530282	0.017	0.043	0.001	1.000
edu	平均受教育年限（年）	530282	6.709	0.422	3.500	8.560
gdp	地区生产总值（实际值，百亿元）	530282	123.0	62.330	2.128	234.954
pgdp	人均地区生产总值（实际值，万元）	530282	2.057	0.866	0.450	4.464
ind	第二产业产值比重（%）	530282	51.034	5.860	24.601	59.975

注：实际值均为 1998 年为基期，全要素生产率剔除了首尾各 0.5 百分位共计 1%的样本，剔除的这部分样本主要是指标异常导致的生产率估计结果偏离均值较大。

对于模型（8-11），由于 T 只有两期，可以通过差分进一步简化而不损失估计有效性，差分后的模型为：

$$\Delta lnRD_{ic}=\alpha+\beta_1 so_2\_reduce_c+\beta_2 dist_i\times so_2\_reduce_c+\Delta X_{ic}\gamma+\omega_{ict} \tag{8-12}$$

差分剔除了企业和城市层面不随时间变化的固定效应，由于只有两期，时间固定效应和常数项完全共线，以 α 表示。模型（8-12）更直观地反映了双重差分的思路，双重差分考察的是不同省份实施的环境政策差异是否导致了环境政策实施后不同省份企业研发的相对变化，这种相对变化即为环境政策的影响。环境政策的实施与研发投入之间具有外生性，因此，如果环境政策实施后研发投入更

快增长，则可以认为这种研发投入的增长是环境政策导致的。

研发投入既包括集约边际上研发投入资金的变化，还包括广延边际上企业对是否研发的选择。考虑到中国工业企业中大量企业是不进行研发的，实际样本中大量研发投入的观测值为0。为了更全面地考察环境政策对企业研发行为的影响，进一步构造多项Logit模型考察环境政策对企业是否研发选择的影响。定义状态变量state，政策前不研发政策后研发的为1；政策前后不改变研发情况的为0；政策前研发政策后不研发的为2。令扰动项服从I型极值分布，则企业选择状态j的概率：

$$p(y_{ic}=j|X_{ic})=p(\Delta\pi_{icj}\geqslant\Delta\pi_{ick},\ \forall k\neq j)=\frac{\exp(X_{ic}\beta_j)}{\sum_{k=1}^{J}X_{ic}\beta_k} \tag{8-13}$$

式中，π表示企业研发利润，这里的X向量包括了所有控制变量，系数向量β随状态不同而变化。该模型可以通过极大似然估计得到不同状态下的各个参数值。

本章中采用的数据来自第四章介绍的中国工业企业数据，环境政策数据也来自第四章介绍的“十一五”期间主要污染物排放控制计划，本章不再赘述。

二、实证结果分析

对计量经济模型（8-12）和模型（8-13）进行估计，以考察环境政策对企业研发的影响，包括持续研发的企业在研发投入资金上的变化，以及企业跨期对是否研发的选择。首先考察集约边际上，环境政策对持续研发企业的研发投入变化的影响。表8-2前3列列出了回归结果。第1列仅加入环境政策时，回归系数为0.819且显著。这意味着从总体上看，中央对各省份分配的二氧化硫排放缩减指标每提高1个百分点会带来企业研发投入增加0.819个百分点，环境政策对研发投入产生了比较大的促进作用。第2列进一步加入环境政策与企业技术距离的交互项，发现该交互项的系数显著为负数，且此时的主项和交互项的显著性都有较大的提升，表明对不同生产率企业而言，环境政策与企业研发之间并不相同，而是随着企业技术提升而增加的。即对于接近技术前沿的企业，环境政策有助于促进企业的研发投入，随着技术距离的增加，环境政策对研发的促进作用减弱，并最终逆转为负面影响。

表 8-2　环境政策对异质性企业研发的影响

被解释变量	D. lnRD	D. lnRD	D. lnRD	RDstate (t-1=0, t=1)	RDstate (t-1=1, t=0)
so_2_reduce	0.819** (0.399)	2.535*** (0.521)	1.735** (0.652)	0.337 (0.247)	-2.459*** (0.300)
so_2_reduce×dist		-4.858*** (0.854)	-3.706*** (0.792)	-3.441*** (0.404)	0.904* (0.487)
D. ln (labor)			0.604*** (0.059)	0.763*** (0.228)	-0.438 (0.436)
D. ln (export)			0.166*** (0.030)	0.350*** (0.020)	0.006 (0.028)
D. ln (subsidy)			0.257** (0.106)	0.628*** (0.106)	-0.440*** (0.132)
D. ln (kl)			0.235*** (0.037)	0.084*** (0.013)	0.0100 (0.016)
D. ln (hhi)			-0.035 (0.034)	0.070*** (0.025)	0.123*** (0.030)
D. ln (edu)			2.576 (1.841)	8.526*** (0.518)	3.065*** (0.615)
D. ln (gdp)			0.262 (1.037)	0.816* (0.457)	-1.417*** (0.517)
T	0.269*** (0.062)	0.293*** (0.062)	0.069 (0.237)	-3.120*** (0.109)	-2.575*** (0.121)
N	13124	13124	13124	194639	194639
adj. R^2	0.050	0.054	0.076		

注：其中的 D 表示对变量的差分，回归中通过差分控制了企业固定效应和时间固定效应，括号中为标准误，集聚在省份层面上以修正异方差，***、**、* 分别表示显著性水平为 1%、5%和 10%。

环境政策对企业研发的异质性效应在第 3 列加入其他控制变量后仍然是显著的，此外，加入其他控制变量后，政策时间变量 T 不再显著，表明其他控制变量较好地控制了企业研发在环境政策前后的差异。对于环境政策对异质性企业研发的边际效应，可以通过以下公式得到：

$$\frac{\partial \Delta \ln RD_{ict}}{\partial \Delta so_2\_reduce_{ct}} = \beta_1 + \beta_2 dist_i \tag{8-14}$$

该公式意味着环境政策对企业研发的边际影响随企业技术距离增加而变化。为进一步考察该边际影响，本书测算了随着技术距离变化的边际影响，绘出边际效应的变化曲线及置信区间（见图8-1）。可以清晰地看出，当企业距离技术前沿较近时，该边际效应为正，随着技术距离增加，边际效应逐步减少，并在技术距离为0.43左右时出现了逆转，即对于技术距离超过0.43的企业，环境政策反而会阻碍研发。根据企业技术距离的分布（图中靠近横轴的曲线），测算出处于边际效应为正的企业数量约占企业总量的62%，由此可见，环境政策对大部分企业的研发具有正向影响，而少部分技术水平低的企业则会减少研发，这在一定程度上支持了弱波特假说。对于这种不同影响则是由于面临环境政策，异质性企业面临的利润削弱效应和摆脱规制效应不同引起的。对于接近技术前沿的高生产率企业，摆脱规制效应超过利润削弱效应，企业会通过研发而摆脱环境政策成本；而对于远离技术前沿的低生产率企业，利润削弱效应占主导，严格的环境政策反而由于削弱了研发的边际利润不利于企业研发。

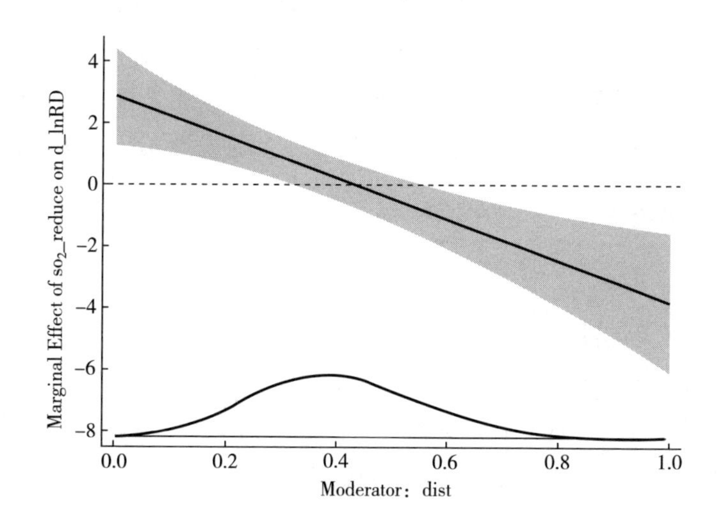

图8-1 环境政策对不同技术距离企业研发的边际影响

注：图中实线为测算的环境政策对研发投入影响的边际效应，阴影区域为95%的置信区间，横轴处的曲线为不同技术距离企业数量的分布曲线。

其他控制变量的回归系数中，代表企业规模的全部从业人员人数的估计系数显著为正，意味着大企业更倾向研发。出口企业和补贴企业会进行更多的研发，资本密集型企业也倾向进行更多的研发。而代表行业层面竞争程度的 HHI 指数并不显著，本书并未发现竞争对企业研发的影响。地区层面代表市场规模的地区生产总值和代表地区人力资本禀赋的平均受教育年限的估计系数也不显著，这些地区层面的因素也不构成对企业研发投入的影响。

以中国工业企业数据库中数据来看，中国的制造业企业大部分企业是不进行研发的，为了更全面考察环境政策对企业研发的影响。表 8-2 的第 4~5 列采用多项 Logit 模型列出了环境政策对企业跨期是否研发的影响。以企业不改变研发选择（两期都不研发或都研发）为基准对照组，第 4 列状态变量为规制政策前不研发政策后研发，即进入研发；第 5 列为政策前研发政策后不研发，即退出研发。第 4 列结果表明，环境政策虽然总体上对于新增研发并无显著影响，但随着技术距离增加，会降低企业新增研发的概率，导致低生产率企业新增研发的概率较低。第 5 列表明，环境政策降低了退出研发的概率，并且随着技术距离增加，退出研发概率递增，即面对严格的环境政策，高生产率企业更不容易退出研发，而低生产率企业则更容易退出研发。从环境政策对企业是否研发选择的估计结果看，和集约边际上的结论基本一致，环境政策都是更有利于高生产率企业研发，而不利于低生产率企业研发，只不过对于广延边际上企业是否研发的选择，企业通常更倾向于维持现状，是否研发状态的改变不如研发投入量的改变敏感。

三、稳健性检验

1. 同期事件的影响

如果环境政策同期也发生其他事件，那么企业研发的变化可能是受到其他事件的影响，而非环境政策本身引起的。对于 2006 年中央对省级政府分配的二氧化硫排放控制计划，同期发生的事件主要有 2008 年北京奥运会和增值税改革试点。为了奥运会顺利举办，北京及北京周边的天津和河北对污染企业进行了严厉整治，这可能会使这些地区的企业行为并非来自“十一五”规划中的环境政策而是北京奥运会的影响，为此，表 8-3 的第 1 列从样本中剔除北京、河北和天津的数据，重新进行回归，发现估计结果并无太大变化；对于 2005 年左右实行的增值税改革允许试点地区从税基中抵扣购买的固定资产，该项改革增加了投资并对资产比重高的企业带来更大影响，为此参考 Shi 和 Xu（2018），在第 2 列加入企业固定资产控制这种异质性影响，发现回归结果也没有明显变化。因此，同期政策并不会对主要结论产生大的影响。

2. 其他变量的影响

除了环境政策会对企业研发投入有异质性影响，行业竞争程度、市场规模等均对不同生产率企业具有异质性影响。Aghion 和 Howitt（2009）指出市场竞争会导致高生产率企业为摆脱竞争而增加研发，但却会减少低生产率企业的研发边际利润，阻碍低生产率企业研发。此外，市场规模增加，也会对不同生产率企业的研发边际利润带来不同影响。如果遗漏这些因素，一方面会带来异方差；另一方面如果市场竞争和市场规模与环境政策相关，则会带来内生性问题，为此有必要对其进行控制。表 8-3 的第 3 列加入代表市场竞争的 HHI 指数与技术距离的交互项，以及代表市场规模的地区生产总值与技术距离的交互项作为控制变量，回归中发现这两个交互项的系数均不显著，而环境政策与技术距离交互项系数并未受到大的影响，这排除了市场竞争和市场规模可能带来的内生性问题。

表 8-3　环境政策对企业研发影响（稳健性检验）

被解释变量	D. lnRD	D. lnRD	D. lnRD	D. lnRD
so_2_reduce	2.122*** (0.672)	1.740** (0.652)	2.525*** (0.621)	1.513** (0.655)
so_2_reduce×dist	-4.325*** (0.863)	-3.712*** (0.792)	-5.825*** (1.497)	-3.756*** (0.734)
D. ln（asset）		0.613*** (0.060)		
ln（hhi）×dist			-0.071 (0.051)	
ln（gdp）×dist			-0.001 (0.001)	
D. ln（pgdp）				53.974* (30.096)
D. ln（ind）				0.778 (0.695)
控制变量	有	有	有	有
N	11873	13124	13124	13124
adj. R^2	0.064	0.076	0.062	0.077

注：各列回归中均通过差分控制了企业固定效应和时间固定效应，括号中为标准误，集聚在省份层面上以修正异方差，***、**、*分别表示显著性水平为 1%、5%和 10%。

3. 环境政策指标的非随机问题

中央对地方政府分配的二氧化硫减排指标可能是非随机的，正如前文的介绍，中央对各省份确定的二氧化硫减排指标参考了地方经济发展水平、污染物削减能力等，总体来看，发达省份要比欠发达省份减排的标准更高。如果这种减排的分配非随机而是受其他变量影响，那么可能存在遗漏变量导致内生性问题，即企业研发的变化则可能是其他因素导致的而非环境政策。为此，首先将中央分配给各省份的减排指标对各省份的主要经济参数进行回归，发现人均地区生产总值、产业结构、各省份地理区位对减排目标有显著的影响①；其次将这些影响减排指标分配的经济变量加入回归方程（8-12）的回归中进行控制。表 8-3 的第 4 列列出了回归结果，发现人均地区生产总值对企业研发有正向影响，也仅在 10% 的水平上显著，第二产业比重则不显著，此外，加入这些变量也并未影响环境政策与技术距离交互项的系数。因此，中央对各省份二氧化硫排放指标分配确定即使非随机，也并不影响本书的结论。

四、异质性检验

1. 环境政策对不同类型企业研发的影响

环境政策对不同类型的企业可能具有不同的影响。国有企业与地方政府关系密切，往往存在一定的政企关联和更强的讨价还价能力，使其相对于私营企业，政府在进行环境规制时会弱化对国有企业的规制力度（Wang et al.，2003）。对于外资企业，一方面，其生产技术相对内资企业要高，更容易应对环境政策，因此，环境政策对其影响可能是比较有限的；另一方面，一些文献中认为外资企业进入中国在一定程度上是为了规避本国的环境政策，即“污染避难所”假说，依据该理论，中国实行更严格环境政策将对外资企业影响较大，但对于企业研发的影响仍不能确定。

为了考察环境政策对不同类型企业研发的影响，将企业分为国有企业、外资企业和内资私营企业三种类型，进行分样本回归。表 8-4 列出了估计结果，发现在国有企业和外资企业的分组中，环境政策和技术距离的交互项的估计系数虽然为负数，可是在统计上并不显著，并且回归系数也相对较小。而对于内资

① 为节约篇幅，这里未报告该回归结果。后面的回归中，各省份地理区位由于不随时间变化，在差分中自动消除，这里只加入随时间变化的人均地区生产总值、第二产业比重。

私营企业，交互项系数高达 4.913，且该效应非常显著。由此可见，环境政策对企业研发的异质性影响仅在内资私营企业中存在，而在外资企业和国有企业中并无显著影响。

表 8-4　环境政策对企业研发影响（分企业类型）

	国有企业	外资企业	内资私营企业
so_2_reduce	0.301 (1.429)	1.189 (1.434)	2.489*** (0.825)
so_2_reduce×dist	-3.559 (2.811)	-0.997 (0.970)	-4.913*** (1.058)
控制变量	有	有	有
N	1038	1359	10755
adj. R^2	0.040	0.059	0.068

注：被解释变量为研发投入费用对数的差分，各列回归中均通过差分控制了企业固定效应和时间固定效应，括号中为标准误，集聚在省份层面上以修正异方差，*** 表示显著性水平为 1%。

2. 环境政策对不同地区企业研发的影响

中国地区发展不平衡，东部地区经济发展水平较高，集聚了大量的高技术企业，这些企业研发的概率和研发投入经费都较高，同时，东部地区也有很多技术水平较低的企业和污染密集型企业。中西部地区则高技术企业相对较少，技术水平较低的企业和污染密集型企业相对较多，这些企业大部分是不进行研发的。然而，不管是东部的企业还是中西部的企业，都是在全国统一的市场中竞争，因此，如果环境政策是有助于高技术企业研发而不利于低技术企业研发，那么这种异质性应该在东部地区更明显，而中西部则会由于高技术企业缺乏，低技术企业比重高，环境政策对于大部分企业是不利的，或者正负效应抵消而不存在明显影响。

为了对此进行检验，将样本按照各省份所属地区分为东部、中部和西部分样本回归。表 8-5 的第 1~3 列列出关键变量的估计系数，其中东部地区环境政策和技术距离的交互项系数显著为负数，而中部和西部交互项系数并不显著。表明环境政策对企业研发的异质性影响仅在东部地区存在。

表 8-5 环境政策对企业研发影响（分地区和分行业）

	东部	中部	西部	二氧化硫排放密集型行业	非二氧化硫排放密集型行业
so_2_reduce	1.680 (1.436)	2.041 (1.080)	3.224* (1.594)	3.814*** (1.086)	1.025 (0.645)
so_2_reduce×dist	-4.400*** (0.761)	-1.584 (2.677)	-4.396 (3.338)	-7.182*** (1.674)	-3.231*** (0.809)
控制变量	有	有	有	有	有
N	9407	2021	1696	5042	7939
adj. R^2	0.071	0.071	0.030	0.048	0.074

注：被解释变量为研发投入费用对数的差分，各列回归中均通过差分控制了企业固定效应和时间固定效应，括号中为标准误，集聚在省份层面上以修正异方差，***、*分别表示显著性水平为1%和10%。

3. 环境政策对不同行业企业研发的影响

环境政策对企业研发的影响可能与行业污染水平相关，高污染行业的企业由于排放更多，同样的环境政策对其影响更大。为了考察这种差异，同时也是对研究结论的另一个稳健性检验。计算各个制造业2位数行业的二氧化硫排放占增加值比重作为排放密集度，按照排放密集度将前50%的行业作为二氧化硫排放密集型行业，后50%的行业作为非二氧化硫排放密集型行业，进行分样本回归。表8-5的第4~5列列出了关键变量的估计系数和显著性，在二氧化硫排放密集型行业和非密集型行业中，环境政策与技术距离的估计系数都是显著的，其中在密集型行业中该系数的绝对值要远大于非密集型行业。这表明，环境政策对企业研发的异质性影响在二氧化硫排放密集型行业中更明显。

第四节 本章小结

环境政策通过企业研发行为提升企业生产率，并优化企业内资源配置和提升加总生产率。然而，对于不同生产率企业而言，环境政策对企业研发的影响是不同的。环境政策一方面削弱了企业研发的边际利润，不利于研发；另一方面也会刺激企业增加研发以摆脱环境政策，这两种效应在异质性企业中的差异导致了其

截然不同的研发选择。本章首先构建了一个理论模型，指出环境政策力度增加时，对于技术前沿企业，摆脱规制效应超过利润削弱效应，企业会增加研发以摆脱规制；而对于远离技术前沿企业，利润削弱效应占主导地位，企业反而因研发边际利润降低而减少研发。进一步利用“十一五”期间中央对地方政府分配的二氧化硫排放指标，构造政策实验以检验环境政策对异质性企业研发的影响。本章发现环境政策对处于不同技术企业的研发有显著差异，环境政策有助于高技术企业研发，随着技术距离增加这种促进效应逐步减弱，最终逆转为负面影响。环境政策对研发的这种异质性影响，不仅存在于企业研发投入的增量，还体现在企业对是否研发的选择上。此外，环境政策对企业研发的异质性影响主要存在于内资私营企业、东部地区和污染密集型行业中。

考虑到环境政策促进研发的企业占总企业数量的62%，这总体上支持环境政策有利于研发的弱波特假说。然而，也需要重视环境政策对异质性企业研发的不同影响。政策制定者在制定环境政策时需采取合理的政策工具，以弱化对低生产率企业的负面激励，具体来看：第一，科学设计环境政策工具，不同企业受环境政策的影响不同，因此环境政策工具设计时要考虑到低生产率企业面临的更大负担。通过对不同企业执行不同的政策力度，可以减少低生产率企业的负面研发激励。第二，根据不同政策之间的互补性，设计环境政策体系。环境政策带来的异质性影响可以通过差异化研发补贴来对冲负面影响，通过对低生产率企业绿色研发给予补贴，增加企业绿色技术研发的利润，激励低生产率企业选择绿色技术创新。第三，为企业研发提供平台和环境，中小企业和低技术企业信息获取成本及研发成本高，企业研发选择既取决于研发的收益也取决于研发的成本，政府通过清洁技术推广、信息和各种服务支持等方式，可以降低企业研发成本，刺激企业研发创新。

第九章　环境政策与企业规模调整

第一节　引言

面对环境政策的约束，企业会调整企业内和企业间的资源配置。第七章和第八章分析了企业内资源配置，本章分析环境政策对企业间资源配置的影响。从对加总生产率分解的角度看，加总生产率增长不仅来自企业本身的研发和生产率增长，也来自不同企业间市场份额的变化，即企业间的资源配置。具体来看，由于加总生产率是以份额加权的企业生产率的加权平均，因此，即使保持企业生产率不变，高生产率企业份额增加、低生产率企业份额减少，也可以提高加总全要素生产率。

以往关于环境政策对企业的影响，多讨论的是环境政策对企业研发和生产率的影响。事实上，环境政策对不同生产率企业的影响是不同的。一些研究指出，面对环境政策时高生产率企业有更多的选择，可以通过调整产品和技术应对环境政策的影响；而低生产率企业技术相对落后，产品和技术选择有限，往往会受到更大的负面影响。在第七章和第八章的实证中，也发现高生产率企业的生产率增长受到环境政策的负面影响相对较小，且环境政策有利于高生产率企业增加研发；而低生产率企业的生产率增长受到环境政策的负面影响更大，且环境政策不利于低生产率企业的研发。由此可见，面对同样的环境政策，高生产率企业和低生产率企业受到的影响程度不同。这种影响程度的不同不仅体现在企业内的资源配置，即研发和生产率增长方面，也会反映到企业的规模变化上。具体来看，面

对同样的环境政策影响，高生产率企业因受到的负面影响较小，会吸引更多资源和要素的流入，并扩大市场份额。这会带来企业间的资源再配置效应，并提升加总全要素生产率。

本章基于 1998~2010 年中国制造业企业数据，以“十一五”期间主要污染物排放控制计划作为环境政策的自然实验，实证检验环境政策对不同生产率企业规模变化的异质性影响。相对于以往文献多讨论的是环境政策对企业本身研发和生产率的影响，本章讨论环境政策对企业规模变化的影响，有助于补充关于环境政策对企业影响方面的研究。同时，关于环境政策对不同生产率企业规模变化的异质性影响，也从机制上检验了企业间的静态资源配置效应。

第二节　实证策略

以“十一五”期间主要污染物排放控制计划为环境政策的自然实验，根据 2006 年之后，中央对各省份政府分配二氧化硫减排比例不同，以此构造双重差分模型检验环境政策对企业规模的影响。具体的计量经济模型如式（9-1）所示：

$$lnsize_{it}=\beta T_t\times so_{2}\_reduce_i+X_{it}\gamma+\mu_i+\nu_t+\varepsilon_{it} \tag{9-1}$$

式中，i 表示企业，t 表示年份。lnsize 为企业规模的对数。为和理论模型一致，这里的企业规模以工业增加值表示。T 为环境政策时间，2006 年之前为 0，之后为 1；so_2_reduce 为“十一五”期间中央对各省份分配的二氧化硫缩减比重，该比重越大各省份政府会执行越严格的环境政策，因此该指标可以代表环境政策的严厉程度。X 为企业层面的一系列控制变量，包括企业年龄、资产负债率、新产品产值占比等。

为考察环境政策对不同生产率企业规模的异质性影响，在以上模型中进一步加入企业生产率与环境政策变量交互项，检验交互项回归系数的显著性，此时的双重差分模型变为三重差分模型：

$$lnsize_{it}=\beta_0 lnTFP_{it}+\beta_1 T_t\times so_{2}\_reduce_i+\beta_2 T_t\times so_{2}\_reduce_i\times lnTFP_{it}+X_{it}\gamma+\mu_i+\nu_t+\varepsilon_{it} \tag{9-2}$$

模型中 β_2 代表环境政策对不同生产率企业规模变化的异质性影响。如果 β_2 为正，则意味着环境政策使高生产率企业的规模增加更多，从而环境政策有利于企业间的资源配置。实证研究中使用的数据来自第四章，对企业生产率的计算来自第五章，关于数据来源和处理以及生产率的计算不再赘述。

第三节　实证结果分析

一、环境政策对企业规模的异质性影响

理论模型中的企业规模为工业增加值，对加总生产率的计算和分解也是以工业增加值计算的权重（份额）。为了和理论模型一致，实证中以工业增加值代表企业规模。表 9-1 列出了回归结果，第 1 列没有加入控制变量，只控制企业固定效应和年份固定效应进行双重差分估计。回归结果显示，二氧化硫减排比重与环境政策时间交互项回归系数显著为负，即严格的环境政策会降低企业规模。严格的环境政策增加了企业负担，迫使企业将资源和要素用于减排以符合环境政策要求，进而缩小企业规模。第 2 列进一步加入控制变量，回归系数略有下降，但仍然是十分显著的。

表 9-1　环境政策对企业规模的影响

	lnsize	lnsize	lnsize	lnsize
T×so_2_reduce	-0.006*** (0.000)	-0.005*** (0.000)	-0.009*** (0.000)	-0.007*** (0.000)
lnTFP			0.884*** (0.001)	0.884*** (0.001)
lnTFP×T×so_2_reduce			0.006*** (0.000)	0.005*** (0.000)
控制变量		是		是
企业固定效应	是	是	是	是
年份固定效应	是	是	是	是
N	2175452	2115988	2175452	2115988
adj. R^2	0.775	0.790	0.938	0.943

注：括号中为稳健的标准误，***表示显著性水平为 1%。

为进一步考察环境政策对不同生产率水平企业的异质性影响，第 3 列进一步加入企业生产率对数以及企业生产率对数与环境政策和政策时间的交互项，发现环境政策效应 $T\times so_2\_reduce$ 的回归系数显著为负，$lnTFP\times T\times so_2\_reduce$ 三项交互项的回归系数显著为正。这意味着随着企业生产率的增加，环境政策对企业规模的负面影响减弱。当企业生产率对数大于 1.5 时，环境政策对企业规模的影响由负转正。即环境政策会降低低生产率企业规模，但会增加高生产率企业规模。可见，不同生产率水平的企业从环境政策中受到的影响不同，低生产率企业受到的负面影响更大，会缩减生产规模；而高生产率企业却会受益，增加企业规模。第 4 列加入控制变量后，各项回归系数变化不大，结果是稳健的。

二、环境政策对企业间要素流动的影响

环境政策不仅影响企业生产规模，也会影响企业间的要素流动。资源和要素由低生产率企业流入高生产率企业有助于改善资源配置效率，提升加总生产率。当市场中要素总量一定时，某些企业要素投入的增加意味着另一些企业要素投入的减少，因此可以通过比较不同企业要素投入的相对变化代表企业间要素流动。

表 9-2 将回归模型中的被解释变量替换为资本和劳动投入的对数进行回归。第 1 列只加入环境政策变量和政策时间变量的交互项，并控制企业固定效应和年份固定效应。发现该交互项的回归系数显著为负，即环境政策不利于企业资本投入的增加。第 2 列进一步加入企业生产率对数及其与环境政策效应的交互项，并加入控制变量。发现环境政策效应回归系数显著为负，并且相对第 1 列绝对值增加了，企业生产率对数与环境政策交互项的回归系数显著为正。这意味着环境政策有利于高生产率企业增加资本投入，不利于低生产率资本投入，即环境政策导致资本从低生产率企业流入高生产率企业。第 3~4 列对劳动投入进行检验，发现结果与资本类似，高生产率企业劳动投入增加，低生产率企业劳动投入减少。因此，通过以上回归发现，环境政策导致资本和劳动从低生产率企业流入高生产率企业，这种资源流动提升了资源配置效率，有助于提升加总的制造业生产率。

表 9-2　环境政策对企业间要素流动的影响

	lnK	lnK	lnL	lnL
$T\times so_2\_reduce$	-0.001^{**} (0.000)	-0.012^{***} (0.000)	0.003^{***} (0.000)	-0.003^{***} (0.000)

续表

	lnK	lnK	lnL	lnL
lnTFP		-0.207*** (0.001)		-0.041*** (0.001)
lnTFP×T×so_2_reduce		0.007*** (0.000)		0.004*** (0.000)
控制变量		是		是
企业固定效应	是	是	是	是
年份固定效应	是	是	是	是
N	2115988	2115988	2115988	2115988
adj. R^2	0.906	0.910	0.867	0.868

注：括号中为稳健的标准误，***、**分别表示显著性水平为1%、5%。

第四节　稳健性检验

一、平行趋势检验

双重差分模型实证结果的可靠性依赖于政策前处理组和对照组不存在趋势差异，为此需要进行平行趋势检验。常用的方法是设定政策时点为基准，将政策前处理组和对照组之间差异与政策时点进行对比，看不同组是否有显著差别。具体来看，设定每一年的虚拟变量与处理变量交互项，将这些交互项全部加入回归模型中，检验其回归系数。如果回归系数在政策前不显著，则说明政策前处理组和对照组无显著差异，从而平行趋势假设成立。

图9-1根据回归结果绘出了平行趋势检验结果。其中，横轴为年份，纵轴为回归系数和显著性大小。在环境政策前，每一年的时间虚拟变量和处理变量的交叉项回归系数均不显著。这说明环境政策前，处理组和对照组不存在显著的趋势性差异，平行趋势条件成立。在政策后，交叉项的回归系数显著为负，即环境政策缩小了企业规模。环境政策压力下，企业负担增加。和基准回归结果一致，环境政策总体上是不利于企业规模增长的。

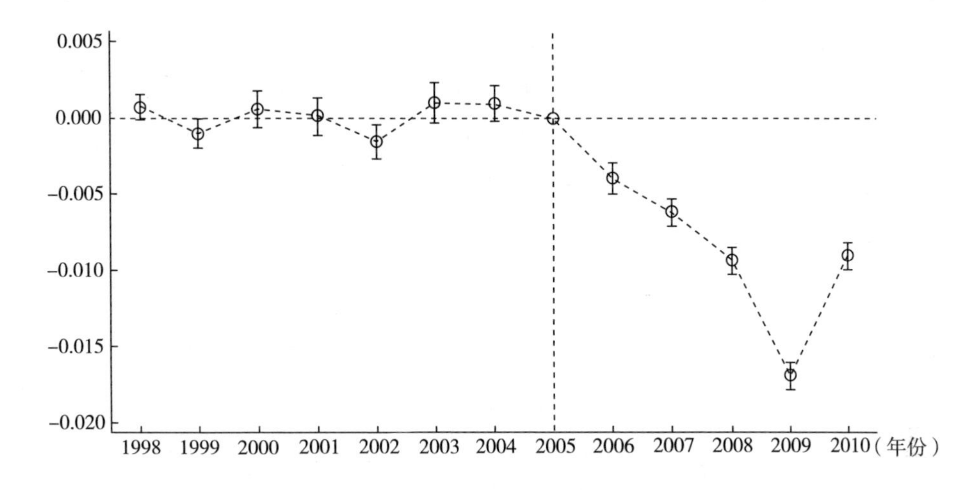

图 9-1　平行趋势检验

注：图中圆圈为回归系数，上下界为 95%的置信区间。其中 2005 年为比较基准，回归中均控制了企业固定效应、年份固定效应和控制变量。

二、排除同期事件干扰

企业规模和要素流动不仅受到环境政策影响，也会受到同期其他事件的干扰。如果环境政策和其他事件发生在同一时期，那么可能会导致错误识别环境政策对企业规模和企业间要素流动的影响。"十一五"期间的其他政策和相关事件主要有 2008 年北京奥运会和 2004~2008 年多个省份陆续开展的增值税改革试点。2008 年中国为成功举办奥运会，对北京和北京周边（天津、河北）制定了严格的环境政策措施。这和"十一五"期间的环境政策时间有部分重合，可能会影响到回归结果。为了排除北京奥运会对实证结果的影响，研究中采用两种方式：一是剔除受到北京奥运会影响最大的地区，主要是北京、天津和河北。二是剔除 2008 年的样本。考虑到北京奥运会的影响主要是在 2008 年的举办年份，其他年份受到该事件的影响比较小，研究中剔除全部 2008 年的样本。

表 9-3 列出了回归结果，第 1~3 列为剔除北京、天津和河北三个省市的回归结果。第 1 列被解释变量为企业规模的对数，回归结果与基准回归一致。政策时间和环境政策交叉项的回归系数显著为负，企业生产率与政策时间和环境政策三项交叉的回归系数显著为正。第 2 列和第 3 列将被解释变量分别替换为资本和劳动两种要素，结果也和基准回归一致。这意味着环境政策带来资本和劳动由低

生产率企业流入高生产率企业。环境政策有利于高生产率企业，使高生产率企业扩大生产规模，但对低生产率企业不利，使低生产率企业减小生产规模。第4~6列剔除2008年的数据，重新进行回归，回归结果变化不大。通过表9-3的回归结果表明，环境政策对不同生产率企业规模的异质性影响和要素流动，并不会受到同期北京奥运会的影响。

表9-3 排除北京奥运会的干扰

	lnsize	lnK	lnL	lnsize	lnK	lnL
T×so_2_reduce	-0.007*** (0.000)	-0.012*** (0.000)	-0.003*** (0.000)	-0.006*** (0.000)	-0.011*** (0.000)	-0.003*** (0.000)
lnTFP	0.881*** (0.001)	-0.212*** (0.001)	-0.042*** (0.001)	0.887*** (0.001)	-0.204*** (0.001)	-0.036*** (0.001)
lnTFP×T×so_2_reduce	0.005*** (0.000)	0.007*** (0.000)	0.004*** (0.000)	0.005*** (0.000)	0.006*** (0.000)	0.004*** (0.000)
控制变量	是	是	是	是	是	是
企业固定效应	是	是	是	是	是	是
年份固定效应	是	是	是	是	是	是
N	1971822	1971822	1971822	1850914	1850914	1850914
adj. R^2	0.941	0.909	0.867	0.941	0.907	0.865

注：前三列为剔除北京、天津和河北的回归结果，后三列为剔除2008年数据的回归结果。括号中为稳健的标准误，***表示显著性水平为1%。

与环境政策同期的还有一个事件是2004~2008年全国范围内进行的增值税改革试点。增值税改革试点允许试点地区的企业在购买机器设备时抵扣进项税额。这项改革有利于资本密集型行业，提升资本密集型行业市场份额。资本密集型行业往往也是污染密集型行业，改革试点也首先在东北地区的省份进行，这些省份也面临相对更高的减排比例，因此该项增值税改革政策可能会干扰环境政策的影响。为了排除增值税改革对环境政策效应的影响，在实证回归中加入企业资本存量的对数作为控制变量，重新进行回归。

表9-4列出回归结果，资本存量对数的回归系数显著为正，这意味着企业的资本密集度会影响企业的规模和要素使用。但环境政策和政策时间交叉项以及企业生产率与环境政策和政策时间交叉项回归系数变化不大，与基准回归结果一致。因此，增值税改革事件并不会影响主要结论。

表 9-4　排除增值税改革的干扰

	(1) lnsize	(2) lnK	(3) lnL
$T\times so_2\_reduce$	-0.008*** (0.001)	-0.010*** (0.001)	-0.005*** (0.001)
lnTFP	0.821*** (0.000)	-0.234*** (0.000)	-0.041*** (0.000)
$lnTFP\times T\times so_2\_reduce$	0.005*** (0.000)	0.007*** (0.000)	0.003*** (0.000)
lncap	0.570*** (0.000)	1.000*** (0.000)	0.224*** (0.000)
控制变量	是	是	是
N	2115988	2115988	2115988
adj. R^2	0.984	1.000	0.878

注：括号中为稳健的标准误，*** 表示显著性水平为 1%。

三、环境政策非随机问题

“十一五”期间主要污染物排放控制计划中央对各省份减排比重的分配参考了各省份经济环境质量状况、环境容量、排放基数、经济发展水平和削减能力等因素，因此环境政策并非随机的。为了排除政策非随机性干扰，采取以下方法进行处理：首先，将各省份的二氧化硫排放缩减比例对各省份的主要经济变量进行回归，得到影响中央对各省份二氧化硫排放缩减比例分配的影响因素。其次，分别将这些因素与政策时间变量交互项作为控制变量，加入基准模型重新进行回归，观察加入这些交互项后环境政策交互项的回归结果是否发生变化。

将各省份的二氧化硫排放缩减比例对各省份的主要经济变量进行回归，发现影响各省份的二氧化硫排放缩减比例的经济变量主要有地区生产总值、人均地区生产总值、第二产业比重、进出口占地区生产总值比重、人均在校大学生人数 5 个变量。将这 5 个变量分别与政策时间变量交乘加入回归中，结果如表 9-5 所示。研究发现，这些变量与政策时间变量交互项的回归系数显著，说明这些变量确实对企业规模和要素流动产生影响。然而，环境政策变量与政策时间变量交叉项，企业生产率与环境政策和政策时间三项交互的回归系数方向及显著性不变。即控制了环境政策的影响因素后，实证结果变化不大。因此，即使环境政策在省份之间分配非随机，并且省份本身的特征会影响企业规模和要素流动，也不会影响本章的主要结论。

表 9-5　环境政策非随机问题

	lnsize	lnK	lnL	lnsize	lnK	lnL
T×so_2_reduce	-0.013*** (0.000)	-0.008*** (0.000)	0.001** (0.000)	-0.008*** (0.000)	-0.011*** (0.000)	-0.006*** (0.000)
T×gdp	-0.000*** (0.000)	-0.000*** (0.000)	0.000*** (0.000)	-0.000*** (0.000)	-0.000*** (0.000)	0.000 (0.000)
T×pgdp	-0.246*** (0.003)	-0.054*** (0.002)	-0.003* (0.002)	-0.044*** (0.001)	-0.077*** (0.002)	0.001 (0.002)
T×ind	0.649*** (0.025)	0.737*** (0.019)	0.187*** (0.015)	0.457*** (0.013)	0.784*** (0.019)	0.197*** (0.015)
T×out	0.045*** (0.004)	-0.030*** (0.003)	0.046*** (0.002)	0.018*** (0.002)	-0.018*** (0.003)	0.051*** (0.002)
T×edu	5.981*** (0.400)	3.813*** (0.299)	-3.995*** (0.244)	-0.086 (0.200)	3.642*** (0.292)	-4.642*** (0.243)
lnTFP				0.883*** (0.001)	-0.209*** (0.001)	-0.041*** (0.001)
lnTFP×T×so_2_reduce				0.005*** (0.000)	0.006*** (0.000)	0.004*** (0.000)
控制变量	是	是	是	是	是	是
N	2115988	2115988	2115988	2115988	2115988	2115988
adj. R^2	0.793	0.907	0.868	0.943	0.911	0.868

注：括号中为稳健的标准误，***、**、*分别表示显著性水平为1%、5%和10%。

四、安慰剂检验

基准回归通过企业和年份固定效应控制了大部分影响企业生产率的其他因素，但仍存在同时随省份和年份变化的不可观测的变量无法得到控制。遗漏这些变量还是会引起内生性问题，导致估计结果的有偏和不一致。对此，无法直接检验是否存在遗漏变量问题。但可以通过间接的方法倒推是否存在遗漏变量。理论上，通过随机设定核心解释变量，其回归系数不显著。如果回归中发现该随机设定核心解释变量回归系数确实不显著，则说明其和扰动项之间无相关性。那么，

遗漏的变量也不会导致结果的不一致。

研究中的核心解释变量是环境政策，通过随机设定环境政策指标（二氧化硫减排比例），重新构造环境政策交互项进行回归得到环境政策的回归系数。为了避免单次结果的偶然性，重复该过程 500 次，计算回归系数的分布。图 9-2 列出了 500 次回归得到的环境政策交互项回归系数的分布，虚线表示基准回归中的回归系数。可以发现，其分布位于 0 附近，且远离基准回归中的回归系数 0. 007。因此，实证中并不存在与环境政策相关的影响回归结果的遗漏变量问题，且基准回归中的结果也不是随机偶然性的结果。

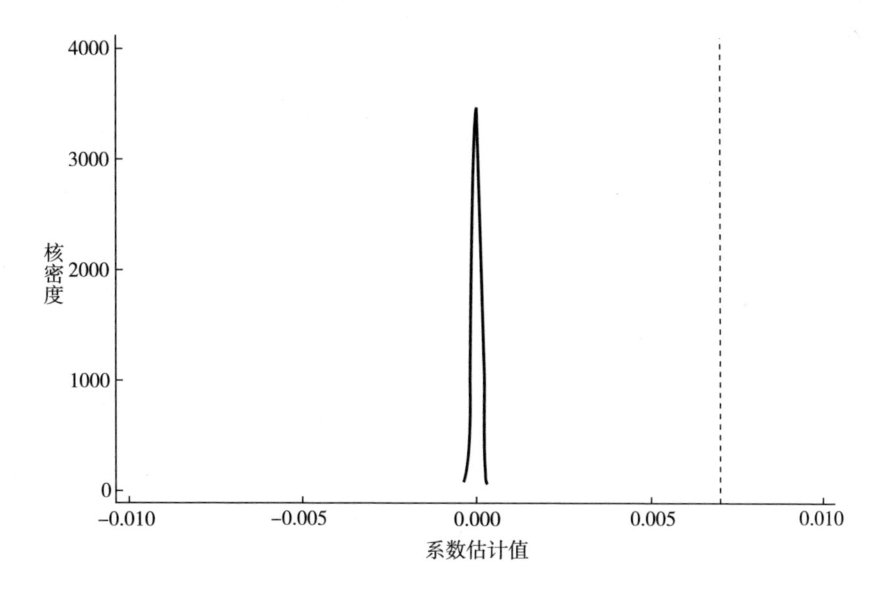

图 9-2 安慰剂检验

第五节 本章小结

本章实证环境政策对企业规模和要素流动的影响。理论上，严格的环境政策给企业施加了额外的成本压力，不利于企业的生产。但对不同规模企业而言，环境政策的影响可能并不相同。对于低生产率企业，面对严格的环境政策，企业承受额外的成本负担，会减少生产规模和要素投入。但对于高生产率企业，其在应对环境政策方面更有优势，环境政策对其影响可能更弱。环境政策对不同生产率企业的这种异质性影响，会优化企业间的资源配置，提升加总生产率。

本章利用中国工业企业数据和“十一五”期间中央对各省份分配的主要污染物排放控制计划的环境政策自然实验，研究发现总体上环境政策对企业规模和要素投入不利。但对不同生产率企业，环境政策的影响具有异质性。对高生产率企业，环境政策有利于其扩大生产规模；而对于低生产率企业，环境政策使企业减小生产规模。进一步考察要素流动，发现环境政策促进资本和劳动要素由低生产率企业流入高生产率企业。这验证了理论假说也支持了加总生产率分解的回归中环境政策对企业间资源配置的正向作用。

本章实证结论对政府制定环境政策具有一定的启示。由于环境政策对不同生产率企业有不同程度的影响，政府在制定环境政策时，需要考虑到这种异质性。一项环境政策的颁布，会对低生产率小企业带来更大的影响，而这些企业承担了更多的生产和基层就业。在兼顾经济发展和环境保护的双重目标下，需要在制定环境政策时对这些企业予以纾困，通过研发补助和税收政策等手段，帮助企业向绿色高质量生产转型。

第十章　环境政策与企业进入退出

第一节　引言

环境政策会增加企业负担，改变企业的生产和研发行为，引起企业本身生产率变化和企业内资源配置效应，并且环境政策对不同生产率企业的影响异质性，也会导致企业间的资源配置效应。以往研究多讨论的是环境政策对企业研发和生产率影响，近年来一些文献开始关注企业间的资源配置对加总生产率的影响（Hsieh and Klenow，2009）。一些研究讨论了环境政策引起的企业间资源配置效应，从理论和实证上分析了环境政策对企业间资源配置的影响，发现了一些有价值的结论（Tombe and Winter，2015；王勇等，2019；张彩云等，2020）。

这些对环境政策与资源配置关系的研究，多讨论的是在位企业间的资源配置。事实上，从加总生产率角度看，加总生产率的增长不仅来自在位企业间的资源配置，还可能来自潜在的进入退出企业，即市场中动态的企业进入和退出。当高于在位企业平均生产率的企业进入，会提高加总制造业生产率；当低于在位企业平均生产率的企业退出，也会提高加总制造业生产率。这种动态的企业进入退出对优化企业间的资源配置和加总生产率具有重要影响（Brandt et al.，2012；毛其淋和盛斌，2013；李坤望和蒋为，2015）。

理论上，严格的环境政策会增加企业的负担，减少潜在进入企业的进入概率，增加在位企业退出市场的概率。这种影响也具有异质性，高生产率进入企业具有更高的利润，相对低生产率企业可以承受更大的环境政策负担。高生产率在位企业也具有更强的抗风险能力，相对低生产率企业退出市场概率更低。同时，企业的进入退出之间存在交互作用，企业的退出会降低市场的竞争，有利于企业的进入。因此，企业的进入退出是同时决定的，需要在统一的框架下讨论企业进入退出。理论模型中分析得出不同的环境政策对企业的影响是不同的，可能产生不同的企业进入退出行为和资源配置效应。实践中，环境政策往往是一整套措施，并且在执行中还会受到地方政府执行力度、政企关系和其他多种因素的干扰。那么，中国的环境政策对企业进入退出的影响如何，是否有利于优化企业间的动态资源配置，这需要进行严格的实证检验。

本章利用 1998~2010 年中国工业企业数据和“十一五”期间中央对各省份分配的主要污染物排放控制计划的环境政策自然实验，实证检验环境政策对企业进入退出的影响。本章的实证一方面验证加总生产率回归中环境政策对企业间动态资源配置的影响机制，另一方面利用微观企业数据，也有助于发现企业进入退出中的具体细节。接下来的结构安排如下：第二节介绍实证策略；第三节报告基本实证结果和分析；第四节进行稳健性检验；第五节对本章进行小结。

第二节 实证策略

一、对企业进入的识别

为了识别企业进入退出，需要关于企业是否存在于市场中的信息。然而，中国工业企业数据库统计指的是规模以上工业企业。只有企业成长到规模以上才会被统计到，这给识别企业进入退出带来困难。为此，假设环境政策不仅影响企业的产生，也会影响企业的成长。以企业成长到规模以上代表企业进入，企业规模缩减到规模以下代表企业退出。毕青苗等（2018）指出，新进入企业是一个由无到有的过程，隐含着规模临界值为 0。更广泛意义上，可以放松市场进入率所隐含的企业规模临界值为 0 的假定，用任意不小于 0 的规模临界值衡量企业进入退出。因此，本书基于规模临界值的方法测算企业进入率也更有现实意义。

对于企业进入的识别，将上期不存在当期存在的企业识别为进入企业，上期和当期都存在的企业识别为在位企业。对于省份 i 年份 t，进入企业数量等于 y 的

概率由参数为 λ 的泊松分布决定。

$$P(Y_{it}=y_{it}|x_{it})=\frac{e^{-\lambda_{it}}\lambda_{it}^{y_{it}}}{y_{it}!}(y_{it}=0,\ 1,\ 2,\ \cdots) \tag{10-1}$$

其中，λ 为泊松达到率，为了保证 λ>0，假设：

$$\lambda_{it}=\exp(x'_{it}\beta+\mu_i)=v_i\exp(x'_{it}\beta)，其中\ v_i=\exp(\mu_i) \tag{10-2}$$

其中，x 为影响企业进入的因素，包括环境政策和时间虚拟变量，即

$$x'_{it}\beta+\mu_i=T_t\times so_2\_reduce_i+\mu_i+\nu_t+\varepsilon_{it} \tag{10-3}$$

v 为个体效应，当个体效应为常数时，则为混合回归。如果不同省份的个体效应不相等，那么需要采用固定效应或者随机效应泊松回归。当个体效应与所有解释变量不相关，则为随机效应模型；当个体效应与某些解释变量相关，则为固定效应模型。

对于随机效应模型，可以采用最大似然估计。假设样本为 iid，则在给定 v 的情况下，个体 i 的条件分布为：

$$f(y_{i1},\ y_{it},\ \cdots,\ y_{iT}|v_i)=\prod_{t=1}^{T}\left(\frac{e^{-\lambda_{it}}\lambda_{it}^{y_{it}}}{y_{it}!}\right)=\prod_{t=1}^{T}\left(\frac{e^{-v_i\exp(x'_{it}\beta)}[v_i\exp(x'_{it}\beta)]^{y_{it}}}{y_{it}!}\right) \tag{10-4}$$

其中 v 不可观测，此时：

$$\begin{aligned}f(y_{i1},\ y_{it},\ \cdots,\ y_{iT})&=\int f(y_{i1},\ y_{it},\ \cdots,\ y_{iT},\ v_i)dv_i\\&=\int f(y_{i1},\ y_{it},\ \cdots,\ y_{iT}|v_i)g(v_i)dv_i\end{aligned} \tag{10-5}$$

令 v~G（1/α，α）分布，代入式（10-5）得到泊松分布的概率密度，从而进行 MLE 估计。

对于固定效应模型，则需要寻找充分统计量。可以使用 $n_i=\sum_{t=1}^{T}y_{it}$ 作为 v 的充分统计量，计算在给定 v 的情况下的条件似然函数，然后进行 MLE 估计。

为了进一步识别进入企业的生产率水平，即环境政策是否有利于高生产率企业进入，构建以下模型：

$$\ln TFP_{ict}=\beta_1T_t\times so_2\_reduce_c+\beta_3entry_{it}+\beta_3T_t\times so_2\_reduce_c\times entry_{it}+\mu_{ic}+\nu_t+\varepsilon_{ict} \tag{10-6}$$

其中，i 表示企业，c 表示省份，t 表示年份。T 为环境政策时间，2006 年之前为 0，之后为 1；so_2_reduce 为“十一五”期间中央对各省份分配的二氧化硫

缩减比重，该比重越高各省份政府会执行越严格的环境政策，因此该指标可以代表环境政策严厉程度。μ 为企业固定效应，ν 为年份固定效应，ε 为随机扰动项。通过交叉项系数 β_3 识别环境政策对不同类型企业（进入企业和在位企业）生产率影响的差异。

二、对企业退出的识别

对于某一基期年份的企业，其下一年有可能退出市场，也有可能继续生存。具体来看，当企业利润为负时企业退出市场，当企业利润为正时企业会继续生存。设定下一年的企业状态变量 D，当企业退出为 1，继续生存为 0。则：

$$D_{it}=\begin{cases}0,\ \text{if}\quad \pi_{it}>0\\ 1,\ \text{if}\quad \pi_{it}\leqslant 0\end{cases} \tag{10-7}$$

此时，

$$\begin{aligned}P(D_{it}=1\mid x_{it},\ \beta,\ \mu,\ v)&=P(\pi_{it}\leqslant 0\mid x_{it},\ \beta,\ \mu,\ v)\\&=P(\varepsilon_{it}\leqslant -\beta T_t\times so_2\_reduce_i-\mu_i-\nu_t\mid x_{it},\ \beta,\ \mu,\ v)\end{aligned} \tag{10-8}$$

假设 ε 服从逻辑分布，则为 Logit 模型：

$$P(D_{it}=1\mid x_{it},\ \beta,\ \mu,\ v)=\frac{e^{-\beta T_t\times so_2\_reduce_i-\mu_i-\nu_t}}{1+e^{-\beta T_t\times so_2\_reduce_i-\mu_i-\nu_t}} \tag{10-9}$$

当个体效应为常数时，则为混合回归。如果不同省份的个体效应不相等，那么需要采用固定效应或者随机效应回归。当个体效应与所有解释变量不相关时，则为随机效应模型；当个体效应与某些解释变量相关，则为固定效应模型。对于随机效应模型，假设 $\mu\sim N(0,\ \sigma^2)$，记其密度函数为 $g(\mu_i)$，个体 i 的条件分布为：

$$f(y_{i1},\ y_{it},\ \cdots,\ y_{iT}\mid x,\ \beta,\ \mu_i)=\prod_{t=1}^{T}[\Lambda(\mu_i+x'_{it}\beta)]^{y_{it}}[1-\Lambda(\mu_i+x'_{it}\beta)]^{1-y_{it}} \tag{10-10}$$

其中 μ 不可观测，此时：

$$\begin{aligned}f(y_{i1},\ y_{it},\ \cdots,\ y_{iT})&=\int f(y_{i1},\ y_{it},\ \cdots,\ y_{iT},\ \mu_i)\,d\mu_i\\&=\int f(y_{i1},\ y_{it},\ \cdots,\ y_{iT}\mid \mu_i)g(\mu_i)\,d\mu_i\end{aligned}$$

$$=\int\prod_{t=1}^{T}[\Lambda(\mu_i+x'_{it}\beta)]^{y_{it}}[1-\Lambda(\mu_i+x'_{it}\beta)]^{1-y_{it}}g(\mu_i)d\mu_i \tag{10-11}$$

假设不同个体是 iid，则可以写出样本的似然函数，最大化似然函数即可得到随机效应 Logit 估计量。由于不同个体相互独立，因此不同个体之间不相关，但同一个体不同时期仍然是相关的。

$$cov(\mu_i+\varepsilon_{it},\ \mu_i+\varepsilon_{is})=\begin{cases}\sigma_\mu^2 & if\quad t\neq s\\ \sigma_\mu^2+\sigma_\varepsilon^2 & if\quad t\neq s\end{cases} \tag{10-12}$$

当 $t\neq s$ 时，自相关系数：

$$\rho=corr(\mu_i+\varepsilon_{it},\ \mu_i+\varepsilon_{is})=\frac{\sigma_\mu^2}{\sigma_\mu^2+\sigma_\varepsilon^2} \tag{10-13}$$

通过检验 ρ，判断是否存在个体效应。如果 ρ=0 则说明不存在个体效应，可以直接采用混合 Logit 回归，否则就需要采用随机效应或固定效应 Logit 回归。

对于固定效应的 Logit 模型，非线性面板模型，无法使用组内变换消除固定效应，可以采用充分统计量消除固定效应，进行条件最大似然估计。

为进一步识别环境政策对不同生产率企业进入退出的异质性影响，在以上回归模型中进一步加入企业生产率与环境政策变量交互项，检验交互项回归系数的显著性。实证研究中使用的数据来自第四章，对企业生产率的计算来自第五章，关于数据来源和处理以及生产率的计算不再赘述。

表 10-1　主要变量的描述性统计

变量	含义	样本量	均值	标准差	最小值	最大值
year	年份	2237607	2005. 397	3. 570	1998	2010
T	政策时间（2006 年之前为 0，之后为 1）	2237607	0. 553	0. 497	0	1
so_2_ reduce	二氧化硫减排比例（%）	2237607	14. 425	5. 219	0	25. 900
lnTFP	企业全要素生产率对数	2237607	1. 137	1. 046	-4. 684	4. 771
entry	进入企业（是为 1，否则为 0）	2133977	0. 179	0. 383	0	1
entry_ n	进入企业数量	2237607	3152. 191	3685. 086	0	18354
exit	退出企业（是为 1，否则为 0）	1961650	0. 107	0. 309	0	1
exit_ n	退出企业数量	2237607	1343. 092	1549. 562	0	7573

第三节　实证结果分析

一、环境政策对企业进入的影响

首先通过计数模型估计环境政策对企业进入的影响，表 10-2 列出了回归结果。第 1 列是假设不存在异质性省份效应，没有控制省份效应但控制年份效应的混合回归结果。环境政策 so_2_ reduce×T 对企业进入数量的影响显著为负，即严格的环境政策会阻碍企业的进入，导致进入企业数量减少。这是由于面临严格的环境政策，企业进入市场的期望利润降低，当企业进入后的期望利润无法弥补进入成本时，企业就不会进入市场。

表 10-2　环境政策对企业进入的影响

	POOL	RE	FE
so_2_ reduce×T	-0. 010*** (0. 000)	-0. 018*** (0. 001)	-0. 018*** (0. 001)
so_2_ reduce	0. 104*** (0. 000)	0. 159*** (0. 030)	
省份固定效应	否	否	是
年份固定效应	是	是	是
N	402	402	402

注：RE 回归中将个体效应看作随机项，FE 回归将个体效应看作与个体相关的固定部分。括号中为标准误，*** 表示显著性水平为 1%。

考虑到不同省份在市场环境、资源禀赋等方面不同，可能存在个体异质性，需要采用面板随机效应或固定效应泊松回归。当个体异质性与解释变量不相关时，使用随机效应泊松回归可以得到一致估计效果，并且估计量更有效。第 2 列给出了随机效应估计结果，环境政策的回归系数由-0. 01 降到-0. 018。对 $\alpha=0$ 的零假设 LR 检验也在 1%的显著性水平下拒绝 $\alpha=0$，即省份之间存在异质性个体效应。当个体异质性与解释变量相关时，使用随机效应泊松回归得到的结果不

一致，需要采用固定效应泊松回归。第 3 列列出了固定效应回归结果，采用固定效应时，不随时间变化的个体变量 so_2_ reduce 的回归系数无法估计。关键解释变量 so_2_ reduce×T 的回归系数为-0.018，与随机效应模型得到的结果相同。通过 Hausman 检验拒绝 RE 模型可以得到一致的回归系数，因此固定效应回归结果更可信。

表 10-2 的回归结果表明环境政策不利于企业进入，但面对同样的环境政策不同生产率水平企业进入难度和进入概率可能是不同的。低生产率企业风险承担能力较弱，面对环境政策的不利影响，相对高生产率企业进入概率可能更低。为了检验不同生产率企业进入情况，采用模型（10-6）进行识别，表 10-3 列出了回归结果。控制企业和年份固定效应后，so_2_ reduce×T 的回归系数显著为负，总体来看环境政策不利于企业生产率提升。entry 的回归系数显著为正，表明进入企业生产率相对在位企业更高。交互项 so_2_ reduce×T×entry 的回归系数显著为正，表明严格的环境政策下，进入企业的生产率相对在位企业要高出更多，即只有生产率更高的企业才能进入市场。综合以上回归结果，可见环境政策不利于企业进入，使低生产率企业相对高生产率企业进入概率下降更大。

表 10-3　环境政策对不同类型企业生产率的影响

	lnTFP
so_2_ reduce×T	-0.014*** (0.000)
entry	0.049*** (0.003)
so_2_ reduce×T×entry	0.012*** (0.000)
企业固定效应	是
年份固定效应	是
N	2133977
adj. R^2	0.114

注：括号中为稳健的标准误，*** 表示显著性水平为 1%。

二、环境政策对企业退出的影响

对于企业退出，由于企业在下一期有继续生存和退出两种选择状态，因此可以用面板二项选择模型估计。表 10-4 列出了回归结果，第 1 列为混合回归结果，环境政策变量 so_2_reduce×T 的回归系数显著为正，意味着严格的环境政策会增加企业退出市场的概率。这验证了本章提出的理论假说，环境政策增加企业的负担，降低企业的利润。当企业利润降为负时，就会退出市场，因此环境政策会增加企业退出市场的概率。

表 10-4 环境政策对企业退出的影响

	POOL	RE	FE
so_2_reduce×T	0.030*** (0.001)	0.030*** (0.001)	0.077 (0.167)
so_2_reduce	-0.016*** (0.001)	-0.016*** (0.001)	0.101 (10.986)
企业固定效应	否	是	是
年份固定效应	是	是	是
N	1858020	1858020	740431

注：RE 回归中将个体效应看作随机项，FE 回归将个体效应看作与个体相关的固定部分。括号中为稳健的标准误，*** 表示显著性水平为 1%。

不同省份可能存在一些个体差异，这些个体差异需要进行控制。为此，第 2~3 列分别进行随机效应和固定效应 Logit 回归。第 2 列随机效应回归结果和混合回归结果差别不大。对 $\rho=0$ 的 LR 检验值为 0.06，在 40%的水平上不能拒绝 $\rho=0$，采用混合回归即可。但为了对比，同时也列出 RE 和 FE 的回归结果。FE 回归结果中关键变量系数虽然方向符合预期，但不显著，Hausman 检验也无法拒绝随机效应。因此，以 POOL 回归结果为准，RE 结果作为参考。综合表 10-4 的回归，表明环境政策增加了企业负担，会增加企业的退出概率。

理论上，不同生产率企业风险承受能力不同，退出概率不同。高生产率企业风险承受能力比低生产率企业更强，环境政策虽然对所有企业都不利，但对高生产率企业退出概率的影响相对低生产率企业要小。为了进一步考察环境政策对不同生产率企业退出概率的影响差异，表 10-5 的回归中加入环境政策与企业生产率的交叉项。回归结果发现，环境政策回归系数显著为正，严格的环境政策会增加企业退出的概率。企业生产率的回归系数显著为负，表明总体上生产率越高的企业退出概率越低，这和预期相符。环境政策和企业生产率交叉项的回归系数显

著为负，意味着随着企业生产率的增加，环境政策对企业退出的影响递减，即虽然环境政策会增加企业退出的概率，但高生产率企业具有更强的抗风险能力，使得高生产率企业在面临严格的环境政策时可以有更多的生存空间，进而降低退出市场的概率。

表 10-5　环境政策对不同生产率企业退出的影响

	(1)
so_2_reduce×T	0.016*** (0.001)
lnTFP	-0.262*** (0.003)
so_2_reduce×T×lnTFP	-0.013*** (0.000)
so_2_reduce	-0.008*** (0.001)
年份固定效应	是
N	1858020

注：括号中为稳健的标准误，*** 表示显著性水平为 1%。

综合以上环境政策对企业进入和退出影响的回归，发现环境政策由于增加企业负担，会降低企业进入概率，增加企业退出概率。但这种影响对不同生产率企业影响有异质性，对于高生产率企业，其受到的负面影响小于低生产率企业，高生产率企业进入概率相对下降较小，退出概率相对增加也较小。高生产率企业生存概率更高，有利于资源的优化配置，进而提高加总制造业生产率。

第四节　稳健性检验

一、平行趋势检验

实证结果的可信性依赖于政策前处理组和对照组不存在趋势差异，为此需要进行平行趋势检验。常用的方法是设定政策时点为基准，将政策前处理组和对照组之间差异与政策时点进行对比，看不同组是否有显著差别。具体来看，设定每一年的虚拟变量与处理变量交互项，将这些交互项全部加入回归模型中，检验其回归系数。如果回归系数在政策前不显著，则说明政策前处理组和对照组无显著差异，从而平行趋势假设成立。

图 10-1 列出了环境政策对进入企业数量影响的平行趋势检验结果（其他回归中也满足平行趋势）。其中，横轴为年份，纵轴为回归系数和显著性大小。环境政策前，大部分年份的时间虚拟变量和环境政策虚拟变量的交叉项回归系数不显著。这说明环境政策前，处理组和对照组不存在显著的趋势性差异，平行趋势条件成立。而在政策后，交叉项的回归系数显著为负，即环境政策降低了进入企业数量。环境政策提高了企业进入市场的门槛，不利于企业进入。和基准回归结果一致，环境政策总体上是不利于企业市场进入的。

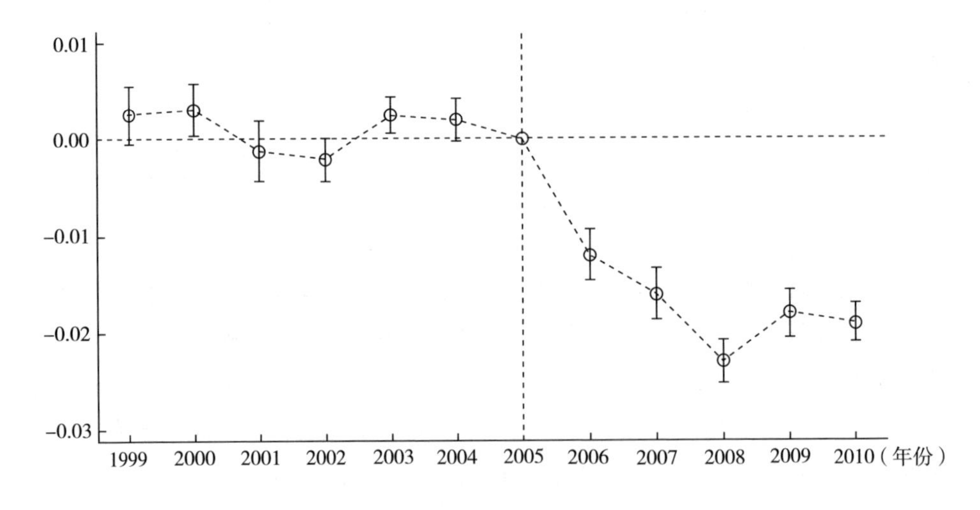

图 10-1 平行趋势检验

注：图中圆圈为回归系数，上下界为 95%的置信区间。其中 2005 年为比较基准，回归中均控制了企业固定效应、年份固定效应和控制变量。

二、排除同期事件干扰

企业的市场进入和退出不仅受到环境政策影响，也会受到同期其他事件的干扰。如果环境政策和其他事件发生在同一时期，那么可能会导致错误识别环境政策对企业进入退出的影响。“十一五”期间的其他政策和相关事件主要有 2008 年

北京奥运会和2004~2008年多个省份陆续开展的增值税改革试点。2008年中国为成功举办奥运会，对北京和北京周边（天津、河北）制定了严格的环境政策措施。这和“十一五”期间环境政策执行的时间区间有部分重合，可能会影响到回归结果。为了排除北京奥运会对实证结果的影响，研究中采用两种方式：一是剔除受到北京奥运会影响最大的地区，主要是北京、天津和河北。二是剔除2008年的样本。考虑到北京奥运会的影响主要是在2008年的举办年份，其他年份受到该事件的影响比较小，研究中剔除全部2008年的样本。

表10-6列出了剔除北京、天津和河北的回归结果，第1~2列实证环境政策对企业进入的影响。第1列是环境政策对企业进入数量的影响，相对于基准回归回归系数略有下降，但仍然是在1%的水平上显著为负。环境政策越严格，进入企业数量越少，即环境政策提高了市场进入门槛，降低企业的进入概率。第2列进一步验证环境政策对不同类型企业的生产率的影响，回归结果基本不变。进入企业相对在位企业生产率更高，且在严格环境政策下，进入企业相对在位企业的生产率更高。这意味着严格的环境政策更不利于低生产率企业的进入。第3~4列实证环境政策对企业退出的影响。第3列结果与基准回归结果一致，环境政策会增加企业退出市场的概率。第4列进一步加入环境政策和企业生产率交叉项，发现交叉项回归系数显著为负。主项环境政策回归系数为正，交叉项回归系数显著为负，意味着虽然环境政策会增加企业退出市场的概率，但对于高生产率企业其退出市场的概率会下降。

表10-6　排除北京奥运会影响的省市

	entry_n	lnTFP	exit	exit
so_2_reduce×T	-0.017*** (0.001)	-0.014*** (0.000)	0.036*** (0.001)	0.014*** (0.001)
entry		0.050*** (0.003)		
so_2_reduce×T×entry		0.012*** (0.000)		
so_2_reduce			-0.021*** (0.001)	-0.014*** (0.001)
lnTFP				-0.245*** (0.003)

续表

	entry_n	lnTFP	exit	exit
so_2_reduce×T×lnTFP				-0.012*** (0.000)
省份固定效应	是	是	是	是
企业固定效应	否	是	是	是
年份固定效应	是	是	是	是
N	363	1991714	1826587	1826587

注：第 1 列是加总到省份和年份维度上的回归，第 2~4 列为企业和年份维度的回归。括号中为稳健的标准误，*** 表示显著性水平为 1%。

表 10-7 剔除北京奥运会举办年份 2008 年的样本，重新进行回归。得到的结果也与基准回归结果基本一致，环境政策对企业进入和企业退出的影响，以及对不同生产率企业的影响都符合预期。

表 10-7　排除北京奥运会影响的年份

	entry_n	lnTFP	exit	exit
so_2_reduce×T	-0.022*** (0.001)	-0.014*** (0.000)	0.036*** (0.001)	0.013*** (0.001)
entry		0.063*** (0.003)		
so_2_reduce×T×entry		0.010*** (0.000)		
so_2_reduce			-0.020*** (0.001)	-0.013*** (0.001)
lnTFP				-0.238*** (0.003)
so_2_reduce×T×lnTFP				-0.012*** (0.000)
省份固定效应	是	是	是	是
企业固定效应	否	是	是	是
年份固定效应	是	是	是	是
N	371	1867352	1695025	1695025

注：第 1 列是加总到省份和年份维度上的回归，第 2~4 列为企业和年份维度的回归。括号中为稳健的标准误，***、**、* 分别表示显著性水平为 1%、5%和 10%。

与环境政策同期的还有一个事件是2004~2008年全国范围内进行的增值税改革试点。增值税改革试点允许试点地区的企业在购买机器设备时抵扣进项税额。这项改革有利于资本密集型行业。资本密集型行业往往也是污染密集型行业，改革试点也首先在东北地区的省份进行，这些省份也面临相对更高的减排比例，因此该项增值税改革政策可能会干扰环境政策的影响。为了排除增值税改革对环境政策效应的影响，在实证回归中加入企业资本存量的对数作为控制变量，重新进行回归。

表10-8列出了回归结果，第1列环境政策对进入企业数量的影响采用的是面板泊松回归，数据是省份和年份维度。为此，需要将企业资本存量加总到省份和年份维度，计算每年各个省份企业平均的资本存量。资本存量对数的回归系数显著为负，表明资本密集度对企业进入有显著影响。环境政策的回归系数略有下降，但仍然在1%的水平上显著为负。因此，即使增值税改革对企业进入有影响，但也不会改变环境政策对企业进入的影响。第2~4列实证环境政策对不同类型企业的生产率以及企业退出的影响，结果也和基准回归结果一致。

表10-8　排除增值税改革政策影响

	entry_n	lnTFP	exit	exit
so_2_reduce×T	-0.014*** (0.001)	-0.015*** (0.000)	0.035*** (0.001)	0.011*** (0.001)
entry		-0.064*** (0.002)		
so_2_reduce×T×entry		0.010*** (0.000)		
so_2_reduce			-0.021*** (0.001)	-0.012*** (0.001)
lnTFP				-0.318*** (0.003)
so_2_reduce×T×lnTFP				-0.012*** (0.000)
lncap	-0.959*** (0.013)	-0.141*** (0.000)	-0.153*** (0.001)	-0.200*** (0.002)
省份固定效应	是	是	是	是
企业固定效应	否	是	是	是
年份固定效应	是	是	是	是

续表

	entry_n	lnTFP	exit	exit
N	402	2133977	1961650	1961650

注：第1列是加总到省份和年份维度上的回归，第2~4列为企业和年份维度的回归。括号中为稳健的标准误，*** 表示显著性水平为1%。

三、环境政策非随机问题

“十一五”期间主要污染物排放控制计划中央对各省份减排比重的分配参考了各省份经济环境质量状况、环境容量、排放基数、经济发展水平和削减能力等因素，因此环境政策并非随机的。为了排除政策非随机性干扰，采取以下方法进行处理：首先，将各省份的二氧化硫排放缩减比例对各省份的主要经济变量进行回归，得到影响中央对各省份二氧化硫排放缩减比例分配的影响因素；其次，分别将这些因素与政策时间变量交互项作为控制变量，加入基准模型重新进行回归，观察加入这些交互项后环境政策交互项的回归结果是否发生变化。

将各省份的二氧化硫排放缩减比例对各省份的主要经济变量进行回归，发现影响各省份的二氧化硫排放缩减比例的经济变量主要有地区生产总值、人均地区生产总值、第二产业比重、进出口占地区生产总值比重、在校大学生比重5个变量。将这5个变量分别与环境政策变量交叉加入回归中，结果如表10-9所示。为便于列示，表10-9中只列出了部分回归结果，第1列是环境政策对企业进入的影响，第2列是环境政策对企业退出的影响。回归结果发现，这些变量与政策时间变量交互项的回归系数均显著，说明这些省份层面的因素确实对企业进入和退出产生影响。然而，环境政策变量与政策时间变量交叉项 so_2_reduce×T 回归系数虽然有所变化，但显著性变化不大。即控制了环境政策的影响因素后，实证得到的基本结论不变。因此，即使环境政策在省份之间分配非随机，并且省份本身的特征会影响企业进入退出，也不会影响本章的主要结论。

表10-9　环境政策非随机问题

	entry_n	exit
so_2_reduce×T	-0.008*** (0.001)	0.080*** (0.001)

续表

	entry_n	exit
so_2_reduce		-0.014*** (0.001)
T×gdp	0.000*** (0.000)	-0.000*** (0.000)
gdp		-0.000*** (0.000)
T×pgdp	-0.296*** (0.008)	-0.035** (0.016)
pgdp		-0.219*** (0.013)
T×ind	1.090*** (0.066)	-1.095*** (0.101)
ind		-0.228*** (0.067)
T×out	-0.041*** (0.011)	0.079*** (0.020)
out		0.134*** (0.013)
T×edu	42.594*** (0.977)	-45.606*** (1.676)
edu		32.699*** (1.314)
省份固定效应	是	是
企业固定效应	否	是
年份固定效应	是	是
N	402	1961650

注：第1列是加总到省份和年份维度上的回归，第2列为企业和年份维度的回归。括号中为稳健的标准误，***、**分别表示显著性水平为1%、5%。

四、安慰剂检验

基准回归通过省份、企业和年份固定效应控制了大部分影响企业进入退出的其他因素，但仍存在同时随省份、企业和年份变化的不可观测的变量无法得到控制。遗漏这些变量还是会引起内生性问题，导致估计结果的有偏和不一致。对此，无法直接检验是否存在遗漏变量问题。但可以通过间接的方法倒推是否存在遗漏变量。理论上，通过随机设定核心解释变量，观察其回归系数是否显著。如果回归中发现该随机设定核心解释变量回归确实不显著，则说明其和扰动项之间无相关性。那么，遗漏的变量也不会导致结果的不一致。

研究中的核心解释变量是环境政策，通过随机设定环境政策指标（二氧化硫减排比例），重新构造环境政策交互项进行回归得到环境政策的回归系数。为了避免单次结果的偶然性，重复该过程500次，计算回归系数的分布。以环境政策对进入企业数量影响的泊松回归为例，图10-2列出了500次回归得到的环境政策交互项回归系数的分布，虚线表示基准回归中的回归系数。可以发现，其分布位于0附近，且远离基准回归中的回归系数-0.018，500次模拟得到的P值为0.048。因此，实证中并不存在与环境政策相关的影响回归结果的遗漏变量问题，基准回归中的结果也不是随机偶然性的结果。

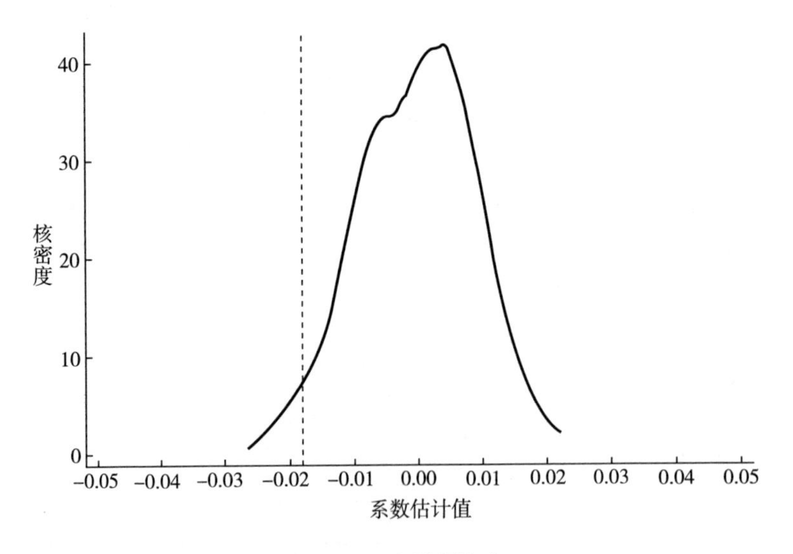

图10-2　安慰剂检验

第五节　本章小结

本章实证环境政策对企业进入退出的影响。环境政策不仅影响在位企业研发

行为、生产率和规模，影响企业内资源配置和企业间静态资源配置；动态上看，环境政策也会通过企业进入和退出影响企业间动态资源配置。理论上，一方面，环境政策提高了企业进入市场的门槛，不利于企业的市场进入，严格的环境政策下只有高生产率企业才能进入市场。另一方面，环境政策增加了企业负担，增加企业退出市场的概率，而且低生产率企业退出市场的概率更高。这种高生产率企业进入和低生产率企业退出，有助于优化企业间的动态资源配置，提升加总的制造业生产率。

利用制造业企业微观数据和“十一五”期间中央对各省份分配的主要污染物排放控制计划的环境政策，对以上理论假说进行检验。利用泊松回归实证环境政策对进入企业数量的影响，发现环境政策降低了进入企业数量，总体上环境政策不利于企业的市场进入。进一步考察不同类型企业在环境政策下的生产率差异，发现环境政策使进入企业生产率提升更多，即严格的环境政策下，只有更高生产率的企业才能够进入市场。对于企业退出，根据在位企业在下一期的生存状态，采用面板 Logit 模型实证环境政策对企业退出的影响。发现环境政策增加了企业退出市场的概率，而且低生产率企业退出市场的概率更高。综合以上实证结果，验证了理论假说。即环境政策提高了市场进入门槛，使低生产率企业更难进入，增加低生产率企业退出市场概率，这有利于提升企业间的资源配置效率和加总的制造业生产率。

本章的研究结论意味着严格的环境政策虽然增加了企业负担，但有利于限制低生产率企业进入和淘汰低生产率企业，对整体经济的资源配置和生产率是有利的。但环境政策执行时也要注意企业退出可能导致的地区经济下滑和失业率增加等问题。地方政府往往出于对经济发展和失业等问题的考虑而补贴和扶持一些低生产率企业，低生产率企业不退出无法释放资源和要素，不利于资源的优化配置。政府应该扶持一些高生产率、清洁生产企业，实现经济增长和环境保护的双赢。

第十一章　结论与政策建议

第一节　研究结论

资源配置是经济学研究的基本问题。总产出的增长不仅来自微观企业的效率提升，也来自不同企业之间资源和要素的有效配置。大量研究指出中国制造业存在资源错配，在很大程度上降低了加总的制造业产出和生产率。20 世纪 80 年代以来，为减少污染排放和保护生态环境，中国出台了一系列环境政策。这些环境政策除了在保护环境、减少污染排放方面取得成效，其产生的资源配置效应如何，是正确评价环境政策成本收益的重要内容。本书首先构建数理模型的理论分析框架，将异质性企业研发、规模和进入退出纳入统一分析框架，推导环境政策对资源配置和加总生产率的影响。其次，基于 1998~2013 年中国制造业微观企业数据，计算加总制造业生产率并利用动态 OP 方法分解出制造业的资源配置效应，分析资源配置效应的构成、演变、地区和行业差异。再次，以“十一五”期间中央对各省份分配的主要污染物排放控制计划为环境政策自然实验，利用 1998~2010 年中国制造业微观企业数据计算资源配置效应，实证环境政策对加总生产率和资源配置的影响。最后，利用微观企业数据进行微观机制的识别和检验。从企业内资源配置、企业间静态资源配置和企业间动态资源配置三个方面，分别检验环境政策对企业研发和生产率增长、企业规模变化、市场进入退出的影响。通过理论和实证研究，得出以下主要结论：

第一，环境政策会影响一般均衡下异质性企业的研发和生产率、生产规模、

市场进入退出，进而带来资源配置效应。一般均衡分析框架下，所有企业的研发、生产率、生产规模和市场进入退出相互影响，同时决定以实现一般均衡。企业研发行为决定企业能够实现的生产率，以及该生产率下的最优生产规模和进入退出选择。某个企业利润也会受到其他企业的研发和市场进入退出的影响，进而影响该企业在利润最大化下的行为。通过构建异质性企业的一般均衡数理模型研究发现，一般均衡下企业同时决定研发投入和能够实现的生产率、企业的最优生产规模和市场进入退出。环境政策作为一种外生的政策冲击，增加了企业的成本。通过比较静态分析发现环境政策会影响均衡下研发投入和能够实现的生产率、企业的最优生产规模和市场进入退出，进而产生资源配置效应，影响加总生产率。

第二，不同环境政策措施产生的资源配置效应不同。具体到环境政策采取的措施方面，由于不同环境政策措施对企业成本结构的影响不同，产生的资源配置效应也不同。对现有各项环境政策措施分类，将环境政策措施分为环境税、排放标准类与规划和计划三种。环境税增加了企业的边际成本，在不变替代弹性下，按照边际定价法则边际成本增加同比例增加产品价格但降低产品销量，不改变企业收益和利润。环境税也不会改变企业的研发、生产率、生产规模和进入退出，一般均衡不受影响。因此，环境税不影响资源配置和加总生产率，环境税的资源配置效应是中性的。排放标准类政策增加企业固定成本，对企业研发、生产率和生产规模的影响是不确定的，取决于其他相关参数，但有利于低生产率企业退出进而优化企业间动态资源配置，总体上是有利于提升加总生产率。规划和计划政策增加企业的进入成本，有利于刺激企业研发和生产率提升，且对高生产率企业作用更大，进而优化企业内资源配置；使高生产率企业的规模增加更多，有利于企业间静态资源配置；但却使更多的低生产率企业进入市场，不利于企业间动态资源配置效率。最终导致规划和计划政策对加总生产率的影响是不确定的。

第三，中国制造业加总生产率增长可以分解为不同资源配置效应。基于1998~2013年中国工业企业数据，计算制造业加总生产率，并利用动态OP生产率分解方法将加总生产率分解为企业内效应（企业内资源配置）、规模效应（企业间静态资源配置）、进入效应和退出效应（企业间动态资源配置）。发现1998~2013年全要素生产率平均的年增速为5.5%，其中，1998~2007年生产率增速较为平稳，年平均增速为7.9%；2008~2013年生产率增速波动较大，主要体现在2008年和2013年生产率下降，平均增速也下降到平均3.6%。企业通过研发和生产率提升带来的企业内资源配置对加总全要素生产率增长的贡献为60%，企业通过规模相对变化带来的企业间静态资源配置对加总全要素生产率增长的贡献为38.4%，通过企业进入退出带来的企业间动态资源配置对加总全要素生产率增长的贡献为1.6%。可见，制造业全要素生产率增长主要来自企业本身的研发和生产率增长，但企业间的资源配置对加总生产率增长的贡献也相当大。表明中国制造业存在较为严重的资源错配，通过制定科学的政策、完善产品和要素市场来减少资源错配，可以大幅提升加总制造业生产率。

第四，环境政策通过优化企业间的资源配置，提升制造业加总生产率。理论模型的研究指出环境政策会产生资源配置效应，且不同政策措施产生的资源配置效应不同。实践中，中国环境政策往往是同时采取多种环境政策措施，因此实证中识别的是环境政策对资源配置的综合影响。以“十一五”期间中央对各省份分配的主要污染物排放控制计划作为环境政策的自然实验，利用双重差分方法实证检验环境政策对加总生产率和资源配置的影响。发现严格的环境规制政策提升加总的制造业生产率。进一步将加总生产率分解为企业内效应、规模效应、进入效应和退出效应，实证环境政策对四种效应的影响。发现环境政策产生的企业内效应为负，即环境政策不利于企业内资源配置，进而降低加总制造业生产率；环境政策对规模效应的影响显著为正，表明环境政策有利于企业间的静态资源配置，进而提升加总制造业生产率；环境政策对进入效应的影响显著为正，表明环境政策提高了进入企业的生产率门槛，对退出效应的影响也为正，但不是非常显著，总体上环境政策有利于企业间动态资源配置，进而提升加总的制造业生产率。以上结果在一系列检验下稳健。实证结果意味着环境政策一方面增加了企业负担，降低了企业生产率；另一方面也会引起资源和要素在企业间的流动，优化企业间的资源配置。综合这两个方面，环境政策最终反而提升了加总制造业生产率。

第五，环境政策降低企业生产率，不利于企业内资源配置和加总生产率。为了检验环境政策影响资源配置的机制，利用1998~2010年制造业微观企业数据进行微观机制识别。首先利用企业层面数据，实证环境政策对企业生产率的影响。发现环境政策总体上不利于企业生产率，这验证了环境政策不利于企业内资源配置，进而降低加总制造业生产率的机制。进一步实证环境政策对不同生产率企业的影响，发现环境政策对低生产率企业的负面影响更大，随着企业生产率的提升环境政策对企业生产率的负面影响减弱。该结果在一系列检验下稳健。综合来看，实证结果并不支持强波特假说，这与大量实证研究得到的结论一致，环境

政策增加了企业负担，会降低企业生产率。

第六，环境政策对不同生产率企业研发的影响不同，有利于高生产率企业研发，不利于低生产率企业研发。构建一个简单的数理模型，发现环境政策一方面降低企业的利润，即利润削弱效应；另一方面也会迫使企业通过研发提升生产率，进而摆脱环境政策带来的规制成本，即摆脱规制效应。这两种效应在不同生产率企业中的大小不同，对于高生产率企业，摆脱规制效应占主导地位，环境政策有利于企业增加研发；对于低生产率企业，利润削弱效应占主导地位，环境政策不利于企业研发。利用 2005～2007 年制造业企业的研发数据实证检验发现，不管是从集约边际上企业的研发投入，还是从广延边际上企业对是否研发的选择，环境政策总体上都是有利于企业研发的。环境政策既有利于企业增加研发投入，也会增加企业选择研发的概率。进一步考察环境政策对不同生产率企业研发的异质性影响，发现随着企业与技术前沿的距离增加，环境政策对企业研发的影响递减，与技术前沿距离为 0.43 时逆转为负向影响。根据企业技术距离和生产率分布，测算出处于边际效应为正的企业数量约占企业总量的 62%，边际效应为负数的企业为 38%。这意味着环境政策对大部分企业而言是有利于研发的，但对于少数低生产率企业的研发却有负面影响，总体上支持弱波特假说。

第七，环境政策促进资源和要素由低生产率企业流入高生产率企业，优化企业间静态资源配置和提升加总生产率。资源和要素由低生产率企业流向高生产率企业，有利于静态企业间资源优化配置，提升加总制造业生产率。这可以通过实证环境政策对不同生产率企业规模和要素投入的异质性影响来识别。以工业增加值表示企业规模，研究发现严格的环境政策会降低企业规模。但这种影响在不同生产率水平企业中具有异质性。随着企业生产率增加，环境政策对企业规模的负向影响逐渐减弱，最终逆转为正向影响。即环境政策会降低低生产率企业规模，增加高生产率企业规模，这种不同生产率企业生产规模（市场份额）的异质性变化有利于优化企业间的资源配置，提升加总制造业生产率。进一步检验环境政策对资本和劳动两种生产要素的异质性影响，发现环境政策使高生产率企业的资本和劳动投入增加，低生产率企业的资本和劳动投入减少。在资本和劳动要素禀赋固定情况下，这意味着资本和劳动会从低生产率企业流入高生产率企业，进而带来企业间的资源配置效率提升。实证结论支持了环境政策通过优化企业间的资源配置提升加总制造业生产率的机制。

第八，环境政策提高市场进入门槛和进入企业生产率水平，迫使低生产率企业退出市场，优化企业间动态资源配置和提升加总生产率。高生产率企业进入和低生产率企业退出，有利于提升企业间动态资源配置效率，进而提升加总生产率。利用泊松回归研究环境政策对进入企业数量的影响，发现严格的环境政策会降低进入企业数量。进一步考察环境政策对进入企业和在位企业生产率的影响，发现环境政策提高了进入企业的生产率。即环境政策提高了进入企业的生产率门槛和进入企业的生产率平均水平，这有利于优化动态资源配置和提升加总生产率。对于企业退出的识别，考虑到企业在下一期有继续生存和退出市场两种选择，采用面板 Logit 模型识别环境政策对企业退出的影响。发现环境政策会增加企业退出市场的概率，并且对于低生产率企业，其退出市场的概率增加更多。这同样有利于优化动态资源配置和提升加总生产率。综合实证研究结果，验证了环境政策优化企业间动态资源配置的机制。环境政策提高了进入企业的生产率，并使低生产率企业退出市场，进而优化企业间动态资源配置，提升加总制造业生产率。

第二节　政策建议

如何制定科学的环境政策，实现经济和环境目标双赢一直是学术研究和政府部门决策者关心的问题。本书在企业互动视角下考察中国环境政策的微观资源配置效应，发现一般均衡下企业的经济行为相互影响，使环境政策对异质性企业的研发、生产率、生产规模和进入退出选择产生不同影响，进而带来企业内和企业间的资源配置效应，影响加总生产率。宏观角度看，环境政策有利于提升加总生产率；从微观角度看，环境政策通过不同资源配置方式对加总生产率的影响也不同，不同政策和措施产生的资源配置效应也不同。本书打开环境政策资源配置效应的“黑箱”，有利于科学制定环境政策，实现经济和环境目标的双赢。基于本书的结论，提出以下政策建议：

第一，多种政策措施协调配合，形成科学的环境政策体系。不同政策措施对企业的影响以及产生的资源配置效应不同。为此，需要不同政策措施协调配合，建立科学的环境政策体系，以对冲环境政策对企业的负面影响，最大化环境政策对激励企业减少污染的效果。环境税在激励企业减排的同时，并不会影响加总制

造业生产率，政策效果相对中性。在地方政府以实现环境目标为紧约束时，采取环境税是有效的，但其并不会增加资源配置和加总生产率，是有效但相对保守的环境政策。排放标准类政策有利于低生产率企业退出市场，优化企业间动态资源配置并提升加总生产率，对在位企业研发和相对规模变化的影响不确定，但加总效应上是有利于企业平均生产率提升的。规划和计划政策有利于刺激企业研发和提高生产率，促进市场份额和生产要素从低生产率企业向高生产率企业流动，优化在位企业间的静态资源配置。但也会导致低生产率企业进入市场，不利于企业间动态资源配置，导致对加总生产率的影响不确定。可见，规划和计划政策虽然增加市场进入成本，但并未阻止低生产率企业进入市场，还需要配合排放标准类政策来限制低生产率企业进入。只有两种措施的协调配合才能让高生产率企业进入低生产率企业退出，优化企业间的动态资源配置。此外，环境政策和其他政策也要协调配合，在严格的环境规制政策引起企业规模调整和市场进入退出时，要协调好这种变化引起的失业和社会问题，实现经济、环境和社会的和谐发展。

第二，以市场化环境政策为主，行政命令式环境政策为辅。改革开放以来，中国经济发展中的主要经验之一是坚持市场经济改革，坚持市场经济在资源配置中的决定性作用。尽管环境治理天然存在的外部性问题，使市场失灵问题更为突出，但大量理论和经验证明环境治理中市场化环境政策相对行政命令式政策效果更好。同时，市场化环境政策也有一些缺陷，引起一些扭曲和资源配置不当，需要行政命令式政策进行修正。本书发现环境政策的扭曲主要来自异质性企业面对同一政策受到的影响不同，进而导致企业行为差异。例如，即使对所有企业都实行同样的排放标准，让所有企业都面临同样的市场进入成本，但是不同企业本身的异质性也会导致企业在面临相同政策时受到的影响不同，采取的行为方式不同。这些行为差异可能会对企业研发行为不利，引起资源和要素由高生产率企业流入低生产率企业，不利于高生产率企业进入和阻碍低生产率企业退出等问题。因此，在制定和执行市场化环境政策时，需要配合行政命令式环境政策，来修正市场化政策引起的扭曲。需要注意的是，行政命令式政策的目的是修正市场化政策的问题，只是必要时采取，具体执行中也要防止行政命令式政策可能引起的更大扭曲。防止地方政府由于政企关联、保障就业、保护本地产业和企业等原因，倾向对有这些关联企业采取更为宽松的规制政策。

第三，环境政策配合研发补贴，引导企业向绿色技术转型。环境政策一方面增加企业负担，降低企业研发的边际收益，这种利润削弱效应不利于企业研发。

另一方面企业在面临严格的环境标准时，可以通过绿色技术研发来规避环境政策，这种摆脱规制效应又有利于激励企业研发。本书发现不同生产率企业，面对同样的环境规制政策时采取的研发行为不同。高生产率企业由于处于技术前沿，比较容易通过研发实现绿色技术升级，摆脱规制效应占主导，环境规制有利于高生产率企业研发。但低生产率企业技术相对落后，即使投入研发也难以实现绿色技术升级，而环境政策对其利润的侵蚀导致企业研发的边际收益较低，不利于企业研发。因此，为了激励高生产率企业和低生产率企业都增加研发，在制定环境政策时就必须配套其他鼓励研发的政策。例如，通过提供研发补贴来增加企业研发的边际收益，对绿色生产技术进行推广和采用来降低企业绿色技术升级的成本等，以对冲环境政策对企业利润的负面影响。尤其是对低生产率企业，面对环境政策时，很难通过绿色技术研发来突破环境规制的限制，这时就需要政府在制定环境政策时对低生产率企业采取更多补贴和扶持政策。

第四，鼓励高生产率企业发展，提升企业间资源配置效率。制造业生产率的提升不仅来自每个企业生产率的提升，市场份额和生产要素由低生产率企业流入高生产率企业，也有利于资源和要素在企业间的优化配置和提升制造业生产率。中国企业的规模分布是扁平化的，即高生产率企业规模偏小，生产率较低的企业过多。环境政策在减少污染排放的同时，应该支持高生产率企业的发展，使其占有更大的市场份额，使生产要素更多集中在高生产率企业。高生产率企业具有更先进的节能减排技术，可以实现单位产出能耗和污染排放的下降；同时，高生产率企业做大做强，也有利于充分发挥规模经济性，降低技术研发的边际成本和分摊环境保护设备投入的固定成本。由于市场分割、地理因素和运输成本等原因，目前尚存在一些地方性市场和企业，这些企业规模较小、能耗和排放高、生产率较低，主要生产一些供应本地的产品。这些因素保护了低生产率企业，阻碍了要素流动和资源的优化配置。为此，中国要加快建设统一大市场，打通不同区域的市场，完善要素市场建设，摒除阻碍产品和要素流动的各种限制。让高生产率企业可以充分发挥其生产率优势，做大做强，让资源和要素从低生产率企业流入高生产率企业，实现资源的优化配置。

第五，促进低生产率企业有序退出，为其他企业腾出要素和市场。低生产率企业退出市场、高生产率进入市场，有利于优化企业间动态资源配置和加总生产率。市场规模和要素禀赋一定时，只有低生产率企业退出，才能释放要素和市场，为高生产率企业提供充足的生产要素和市场。然而，由于政企关联、保护就

业和发展经济的需要，地方政府往往会对一些低生产率企业进行保护，在制定和执行环境政策时对这些低生产率企业有所放松、执行不力，甚至对这些关联企业和低生产率企业进行直接或间接的补贴。政企关联容易带来腐败和寻租问题，对低生产率企业的保护虽然在短期可以维持经济总产出，但是却牺牲了效率和长期发展的空间。只有按照市场规律优胜劣汰，促进低生产率企业退出市场，腾出要素和市场，才能引入和培育出高生产率企业，实现高质量发展。在环境政策的制定和执行中，要对所有企业制定统一的标准，环境政策和相关措施要科学、规范、透明，执行时严格遵从法律法规，减少政策执行中的漏洞和讨价还价空间。在促进低生产率企业退出时要有序进行，避免短期内突然严格的环境规制使大量企业不堪重负退出市场，带来大量失业或结构性失业。完善企业破产清算制度，加强对失业工人的培训和再就业的引导。进行行政审批制度改革，缩短企业成立和各项业务的审批时间，优化政府服务，吸引绿色和高生产率企业进入。

第三节　进一步研究的方向

第一，将理论模型进行更一般化扩展。本书的理论模型对偏好的设定采取的是不变替代弹性偏好，这种设定下市场规模增加产生的竞争效应不起作用。在这种偏好下，市场规模的增加会同比例增加均衡时企业的数量，但对企业的价格和产量没有影响，因此市场规模没有产生竞争效应。一些理论和经验研究发现，随着市场规模的增加，企业间的竞争会加剧。市场规模增加带来的这种竞争效应可能会影响企业的研发、规模和进入退出，且异质性企业可能采取的行为也有差异。Sadeghzadeh（2014）使用拟线性偏好设定，讨论了环境政策的竞争效应。参考相关研究，未来的研究可以修改对偏好的设定，采取拟线性偏好和其他可以纳入竞争效应的偏好设定，以及采取其他研发和技术的设定，研究环境政策在其他情况下产生的资源配置效应，对本书进行丰富和扩展。

第二，对环境政策中具体不同措施的资源配置效应进行研究。本书的理论模型分析得出环境政策的不同具体措施对异质性企业行为，以及由此产生的资源配置效应的影响有差异。而实证中采用的“十一五”期间中央对各省份分配的主要污染物排放控制计划的环境政策，该环境政策包括多种政策措施，因此检验的是现实中综合的环境政策的资源配置效应。未来的研究中，可以针对不同的具体政策措施进行实证研究，以验证理论分析中的一些细节。

第三，寻找其他更新的企业数据进行研究。本书对 1998~2013 年中国工业企业数据进行了全面详细的处理，相对以往相关研究采用的数据更丰富。但 2013 年至今已过去多年，现今的环境政策重点和措施以及市场环境等都发生了变化，对这些实证结论的理解应该要结合当前的情况具体分析。未来可以寻找更新年份的企业层面数据，对实证进行再检验。

参考文献

［1］ Ackerberg D A, Caves K, Frazer G. Identification Properties of Recent Production Function Estimators ［J］. Econometrica, 2015, 83 (6): 2411-2451.

［2］ Adamopoulos T, Brandt L, Leight J, Restuccia D. Misallocation, Selection, and Productivity: A Quantitative Analysis with Panel Data from China ［J］. Econometrica, 2022, 90 (3): 1261-1282.

［3］ Aghion P, Blundell R, Griffith R, Howitt P, Prantl S. Entry and Productivity Growth: Evidence from Microlevel Panel Data ［J］. Journal of the European Economic Association, 2004, 2 (2-3): 265-276.

［4］ Aghion P, Howitt P W. The Economics of Growth ［M］. Cambridge, MA: MIT Press, 2009.

［5］ Aghion P, Howitt P. A Model of Growth Through Creative Destruction ［J］. Econometrica, 1992, 60 (2): 323-351.

［6］ Albrizio S, Kozluk T, Zipperer V. Environmental Policies and Productivity Growth: Evidence across Industries and Firms ［J］. Journal of Environmental Economics and Management, 2017, 81: 209-226.

［7］ Andersen D C. Accounting for Loss of Variety and Factor Reallocations in the Welfare Cost of Regulations ［J］. Journal of Environmental Economics and Management, 2018, 88: 69-94.

［8］ Andrews S Q. Inconsistencies in Air Quality Metrics: "Blue Sky" Days and PM10 Concentrations in Beijing ［J］. Environmental Research Letters, 2008, 3 (3): 34009.

［9］ Aoki S. A Simple Accounting Framework for the Effect of Resource Misallocation on Aggregate Productivity [J]. Journal of the Japanese and International Economies, 2012, 26 (4): 473-494.

[10] Bai Y, Lu D, Tian X. Do Financial Frictions Explain Chinese Firms' Saving and Misallocation? [Z]. NBER Working Paper Series, 2018.

[11] Baily M N, Hulten C, Campbell D, Bresnahan T, Caves R E. Productivity Dynamics in Manufacturing Plants [Z]. Brookings Papers on Economic Activity, Microeconomics, 1992: 187-267.

[12] Baqaee D R, Farhi E. Productivity and Misallocation in General Equilibrium [J]. The Quarterly Journal of Economics, 2019, 135 (1): 105-163.

[13] Barwick P J, Li S, Lin L, Zou E. From Fog to Smog: The Value of Pollution Information [Z]. NBER Working Paper Series, 2019.

[14] Barwick P, Li S, Rao D, Zahur N B. The Morbidity Cost of Air Pollution: Evidence from Consumer Spending in China [J]. E Social Sciences, Working Papers, 2018.

[15] Becker R A, Pasurka C, Shadbegian R J. Do Environmental Regulations Disproportionately Affect Small Businesses? Evidence from the Pollution Abatement Costs and Expenditures Survey [J]. Journal of Environmental Economics and Management, 2013, 66 (3): 523-538.

[16] Bento P, Restuccia D. Misallocation, Establishment Size, and Productivity [J]. American Economic Journal: Macroeconomics, 2017, 9 (3): 267-303.

[17] Bils M, Klenow P J, Ruane C. Misallocation or Mismeasurement? [J]. Journal of Monetary Economics, 2021, 124: S39-S56.

[18] Bloom N. The Impact of Uncertainty Shocks [J]. Econometrica, 2009, 77 (3): 623-685.

[19] Blundell R, Bond S. Initial Conditions and Moment Restrictions in Dynamic Panel Data Models [J]. Journal of Econometrics, 1998, 87 (1): 115-143.

[20] Bombardini M, Li B. Trade, Pollution and Mortality in China [J]. Journal of International Economics, 2020, 125: 103321.

[21] Brandt L, Tombe T, Zhu X. Factor Market Distortions across Time, Space and Sectors in China [J]. Review of Economic Dynamics, 2013, 16 (1): 39-58.

[22] Brandt L, Van Biesebroeck J, Zhang Y. Creative Accounting or Creative

Destruction? Firm-level Productivity Growth in Chinese Manufacturing [J]. Journal of Development Economics, 2012, 97 (2): 339-351.

[23] Busso M, Madrigal L, Pages C. Productivity and Resource Misallocation in Latin America [J]. The B. E. Journal of Macroeconomics, 2013, 13 (1): 30.

[24] Cai H, Chen Y, Gong Q. Polluting Thy Neighbor: Unintended Consequences of China's Pollution Reduction Mandates [J]. Journal of Environmental Economics and Management, 2016, 76: 86-104.

[25] Cai X, Che X, Zhu B, Zhao J, Xie R. Will Developing Countries Become Pollution Havens for Developed Countries? An Empirical Investigation in the Belt and Road [J]. Journal of Cleaner Production, 2018, 198: 624-632.

[26] Cai X, Lu Y, Wu M, Yu L. Does Environmental Regulation Drive Away Inbound Foreign Direct Investment? Evidence from a Quasi-Natural Experiment in China [J]. Journal of Development Economics, 2016, 123: 73-85.

[27] Cao H, Wang B, Li K. Regulatory Policy and Misallocation: A New Perspective Based on the Productivity Effect of Cleaner Production Standards in China's Energy Firms [J]. Energy Policy, 2021, 152: 112231.

[28] Caselli F, Gennaioli N. Dynastic Management [J]. Economic Inquiry, 2013, 51 (1): 971-996.

[29] Chang T Y, Graff Zivin J, Gross T, Neidell M. The Effect of Pollution on Worker Productivity: Evidence from Call Center Workers in China [J]. American Economic Journal: Applied Economics, 2019, 11 (1): 151-172.

[30] Chang T Y, Huang W, Wang Y. Something in the Air: Pollution and the Demand for Health Insurance [J]. The Review of Economic Studies, 2018, 85 (3): 1609-1634.

[31] Chen S, Chen Y, Lei Z, Tan-Soo J. Chasing Clean Air: Pollution-Induced Travels in China [J]. Journal of the Association of Environmental and Resource Economists, 2020, 8 (1): 59-89.

[32] Chen S, Guo C, Huang X. Air Pollution, Student Health, and School Absences: Evidence from China [J]. Journal of Environmental Economics and Management, 2018, 92: 465-497.

[33] Chen S, Oliva P, Zhang P. Air Pollution and Mental Health: Evidence

from China [Z]. NBER Working Papers, 2018.

[34] Chen S, Oliva P, Zhang P. The Effect of Air Pollution on Migration: Evidence from China [J]. Journal of Development Economics, 2022, 156: 102833.

[35] Chen Y J, Li P, Lu Y. Career Concerns and Multitasking Local Bureaucrats: Evidence of a Target-Based Performance Evaluation System in China [J]. Journal of Development Economics, 2018, 133: 84-101.

[36] Chen Y, Ebenstein A, Greenstone M, Li H. Evidence on the Impact of Sustained Exposure to Air Pollution on Life Expectancy from China's Huai River Policy [J]. Proceedings of the National Academy of Sciences, 2013, 110 (32): 12936-12941.

[37] Chen Y, Jin G Z, Kumar N, Shi G. Gaming in Air Pollution Data? Lessons from China [J]. The B. E. Journal of Economic Analysis & Policy, 2012, 13 (3): 1935-1682.

[38] Chen Z, Kahn M E, Liu Y, Wang Z. The Consequences of Spatially Differentiated Water Pollution Regulation in China [J]. Journal of Environmental Economics and Management, 2018, 88: 468-485.

[39] Cheung C W, He G, Pan Y. Mitigating the Air Pollution Effect? The Remarkable Decline in the Pollution-Mortality Relationship in Hong Kong [J]. Journal of Environmental Economics and Management, 2020, 101: 102316.

[40] Chew S H, Huang W, Li X. Does Haze Cloud Decision Making? A Natural Laboratory Experiment [J]. Journal of Economic Behavior & Organization, 2021, 182: 132-161.

[41] Cooper R W, Haltiwanger J C. On the Nature of Capital Adjustment Costs [J]. The Review of Economic Studies, 2006, 73 (3): 611-633.

[42] Cui C, Wang Z, He P, Yuan S, Niu B, Kang P, Kang C. Escaping from Pollution: The Effect of Air Quality on Inter-City Population Mobility in China [J]. Environmental Research Letters, 2019, 14 (12): 124025.

[43] Dasgupta S, Laplante B, Mamingi N, Wang H. Inspections, Pollution Prices, and Environmental Performance: Evidence from China [J]. Ecological Economics, 2001, 36 (3): 487-498.

[44] David J M, Hopenhayn H A, Venkateswaran V. Information, Misalloca-

tion, and Aggregate Productivity [J]. The Quarterly Journal of Economics, 2016, 131 (2): 943-1005.

[45] De Loecker J, Goldberg P K, Khandelwal A K, Pavcnik N. Prices, Markups, and Trade Reform [J]. Econometrica, 2016, 84 (2): 445-510.

[46] De Vries G J. Productivity in a Distorted Market: The Case of Brazil's Retail Sector [J]. Review of Income and Wealth, 2014, 60 (3): 499-524.

[47] Dias D A, Robalo Marques C, Richmond C. Misallocation and Productivity in the Lead Up to the Eurozone Crisis [J]. Journal of Macroeconomics, 2016, 49: 46-70.

[48] Dixit A K, Stiglitz J E. Monopolistic Competition and Optimum Product Diversity [J]. The American Economic Review, 1977, 67 (3): 297-308.

[49] Dong X, Yang Y, Zhuang Q, Xie W, Zhao X. Does Environmental Regulation Help Mitigate Factor Misallocation? —Theoretical Simulations Based on a Dynamic General Equilibrium Model and the Perspective of TFP [J]. International Journal of Environmental Research and Public Health, 2022, 19 (6): 1-21.

[50] Eaton J, Kortum S, Kramarz F. An Anatomy of International Trade: Evidence from French Firms [J]. Econometrica, 2011, 79 (5): 1453-1498.

[51] Ebenstein A. The Consequences of Industrialization: Evidence from Water Pollution and Digestive Cancers in China [J]. The Review of Economics and Statistics, 2012, 94 (1): 186-201.

[52] Ebensteina A, Fan M, Greenstone M, He G, Zhou M. New Evidence on the Impact of Sustained Exposure to Air Pollution on Life Expectancy from China's Huai River Policy [J]. Proceedings of the National Academy of Sciences, 2017, 114 (39): 10384-10389.

[53] Edmond C, Midrigan V, Xu D Y. Competition, Markups, and the Gains from International Trade [J]. American Economic Review, 2015, 105 (10): 3183-3221.

[54] Fajgelbaum P D, Morales E, Suárez Serrato J C, Zidar O. State Taxes and Spatial Misallocation [J]. The Review of Economic Studies, 2019, 86 (1): 333-376.

[55] Fan M, He G, Zhou M. The Winter Choke: Coal-Fired Heating, Air Pol-

lution, and Mortality in China [J]. Journal of Health Economics, 2020, 71: 102316.

[56] Foster L, Haltiwanger J C, Krizan. C J. Aggregate Productivity Growth: Lessons from Microeconomic Evidence [M]. Chicago: University of Chicago Press, 2001.

[57] Foster L, Haltiwanger J, Syverson C. Reallocation, Firm Turnover, and Efficiency: Selection on Productivity or Profitability? [J]. American Economic Review, 2008, 98 (1): 32.

[58] Freeman R, Liang W, Song R, Timmins C. Willingness to Pay for Clean Air in China [J]. Journal of Environmental Economics and Management, 2019, 94: 188-216.

[59] Fu S, Viard V B, Zhang P. Air Pollution and Manufacturing Firm Productivity: Nationwide Estimates for China [J]. The Economic Journal, 2021, 131 (640): 3241-3273.

[60] Ge J, Luo J, Yuan Y. Misallocation in Chinese Manufacturing and Services: A Variable Markup Approach [J]. China & World Economy, 2019, 27 (4): 74-103.

[61] Ghanem D, Shen S, Zhang J. A Censored Maximum Likelihood Approach to Quantifying Manipulation in China's Air Pollution Data [J]. Journal of the Association of Environmental and Resource Economists, 2020, 7 (5): 965-1003.

[62] Ghanem D, Zhang J. "Effortless Perfection": Do Chinese Cities Manipulate Air Pollution Data? [J]. Journal of Environmental Economics and Management, 2014, 68 (2): 203-225.

[63] Gollin D, Udry C. Heterogeneity, Measurement Error, and Misallocation: Evidence from African Agriculture [J]. Journal of Political Economy, 2021, 129 (1): 1-80.

[64] Gopinath G, Kalemli-Özcan Ş, Karabarbounis L, Villegas-Sanchez C. Capital Allocation and Productivity in South Europe [J]. The Quarterly Journal of Economics, 2017, 132 (4): 1915-1967.

[65] Graff Zivin J, Liu T, Song Y, Tang Q, Zhang P. The Unintended Impacts of Agricultural Fires: Human Capital in China [J]. Journal of Development Economics, 2020, 147: 102560.

[66] Greenstone M, He G, Jia R, Liu T. Can Technology Solve the Principal-

Agent Problem? Evidence from China's War on Air Pollution [J]. American Economic Review: Insights, 2022, 4 (1): 54-70.

[67] Greenstone M, He G, Li S, Zou E Y. China's War on Pollution: Evidence from the First 5 Years [J]. Review of Environmental Economics and Policy, 2021, 15 (2): 281-299.

[68] Greenstone M, List J A, Syverson C. The Effects of Environmental Regulation on the Competitiveness of U. S. Manufacturing [Z]. National Bureau of Economic Research Working Paper Series, 2012.

[69] Griliches Z, Regev H. Firm Productivity in Israeli Industry 1979 - 1988 [J]. Journal of Econometrics, 1995, 65 (1): 175-203.

[70] Grossman G M, Helpman E. Quality Ladders in the Theory of Growth [J]. The Review of Economic Studies, 1991, 58 (1): 43-61.

[71] Gu Y, Wong T W, Law C K, Dong G H, Ho K F, Yang Y, Yim S H L. Impacts of Sectoral Emissions in China and the Implications: Air Quality, Public Health, Crop Production, and Economic Costs [J]. Environmental Research Letters, 2018, 13 (8): 84008.

[72] Guner N, Ventura G, Xu Y. Macroeconomic Implications of Size-dependent Policies [J]. Review of Economic Dynamics, 2008, 11 (4): 721-744.

[73] Hamamoto M. Environmental Regulation and the Productivity of Japanese Manufacturing Industries [J]. Resource and Energy Economics, 2006, 28 (4): 299-312.

[74] Hao J, Wang S, Liu B, He K. Plotting of Acid Rain and Sulfur Dioxide Pollution Control Zones and Integrated Control Planning in China [J]. Water, Air, and Soil Pollution, 2001, 130 (1): 259-264.

[75] He G, Fan M, Zhou M. The Effect of Air Pollution on Mortality in China: Evidence from the 2008 Beijing Olympic Games [J]. Journal of Environmental Economics and Management, 2016, 79: 18-39.

[76] He G, Liu T, Zhou M. Straw Burning, PM2.5, and Death: Evidence from China [J]. Journal of Development Economics, 2020, 145: 102468.

[77] He G, Perloff J M. Surface Water Quality and Infant Mortality in China [J]. Economic Development and Cultural Change, 2016, 65 (1): 119-139.

[78] He G, Wang S, Zhang B. Watering Down Environmental Regulation in China [J]. Quarterly Journal of Economics, 2020, 135 (4): 2135-2185.

[79] He J, Liu H, Salvo A. Severe Air Pollution and Labor Productivity: Evidence from Industrial Towns in China [J]. American Economic Journal: Applied Economics, 2019, 11 (1): 173-201.

[80] Helfand G E. Standards versus Standards: The Effects of Different Pollution Restrictions [J]. The American Economic Review, 1991, 81 (3): 622-634.

[81] Hering L, Poncet S. Environmental Policy and Exports: Evidence from Chinese Cities [J]. Journal of Environmental Economics and Management, 2014, 68 (2): 296-318.

[82] Herrnstadt E, Heyes A, Muehlegger E, Saberian S. Air Pollution and Criminal Activity: Microgeographic Evidence from Chicago [J]. American Economic Journal: Applied Economics, 2021, 13 (4): 70-100.

[83] Hopenhayn H A. Entry, Exit, and Firm Dynamics in Long Run Equilibrium [J]. Econometrica, 1992, 60 (5): 1127-1150.

[84] Hopenhayn H, Rogerson R. Job Turnover and Policy Evaluation: A General Equilibrium Analysis [J]. Journal of Political Economy, 1993, 101 (5): 915-938.

[85] Hsieh C T, Klenow P J. Misallocation and Manufacturing TFP in China and India [J]. The Quarterly Journal of Economics, 2009, 124 (4): 1403-1448.

[86] Hsieh C, Moretti E. Housing Constraints and Spatial Misallocation [J]. American Economic Journal: Macroeconomics, 2019, 11 (2): 1-39.

[87] Ito K, Zhang S. Willingness to Pay for Clean Air: Evidence from Air Purifier Markets in China [J]. Journal of Political Economy, 2020, 128 (5): 1627-1672.

[88] Jaffe A B, Palmer K. Environmental Regulation and Innovation: A Panel Data Study [J]. The Review of Economics and Statistics, 1997, 79 (4): 610-619.

[89] Jeppesen T, List J, Folmer H. Environmental Regulations and New Plant Location Decisions: Evidence from a Meta-Analysis [J]. Journal of Regional Science, 2002, 42 (1): 19-49.

[90] Jia R, Ku H. Is China's Pollution the Culprit for the Choking of South Ko-

rea? Evidence from the Asian Dust [J]. The Economic Journal, 2019, 129 (624): 3154-3188.

[91] Johnstone N, HaščičI, Popp D. Renewable Energy Policies and Technological Innovation: Evidence Based on Patent Counts [J]. Environmental and Resource Economics, 2010, 45 (1): 133-155.

[92] Kahn M E, Li P. Air Pollution Lowers High Skill Public Sector Worker Productivity in China [J]. Environmental Research Letters, 2020, 15 (8): 84003.

[93] Kahn M E, Li P, Zhao D. Water Pollution Progress at Borders: The Role of Changes in China's Political Promotion Incentives [J]. American Economic Journal: Economic Policy, 2015, 7 (4): 223-242.

[94] Karplus V J, Zhang J, Zhao J. Navigating and Evaluating the Labyrinth of Environmental Regulation in China [J]. Review of Environmental Economics and Policy, 2021, 15 (2): 300-322.

[95] Karplus V J, Zhang S, Almond D. Quantifying Coal Power Plant Responses to Tighter SO_2 Emissions Standards in China [J]. Proceedings of the National Academy of Sciences, 2018, 115 (27): 7004-7009.

[96] Kellenberg D. An Empirical Investigation of the Pollution Haven Effect with Strategic Environment and Trade Policy [J]. Journal of International Economics, 2009, 78 (2): 242-255.

[97] Keller W, Levinson A. Pollution Abatement Costs and Foreign Direct Investment Inflows to U. S. States [J]. The Review of Economics and Statistics, 2002, 84 (4): 691-703.

[98] Khandelwal A K, Schott P K, Wei S. Trade Liberalization and Embedded Institutional Reform: Evidence from Chinese Exporters [J]. American Economic Review, 2013, 103 (6): 2169-2195.

[99] Lai W. Pesticide Use and Health Outcomes: Evidence from Agricultural Water Pollution in China [J]. Journal of Environmental Economics and Management, 2017, 86: 93-120.

[100] Lai W, Li S, Li Y, Tian X. Air Pollution and Cognitive Functions: Evidence from Straw Burning in China [J]. American Journal of Agricultural Economics, 2022, 104 (1): 190-208.

[101] Levinsohn J, Petrin A. Estimating Production Functions Using Inputs to Control for Unobservables [J]. The Review of Economic Studies, 2003, 70 (2): 317-341.

[102] Li J J, Massa M, Zhang H, Zhang J. Air pollution, Behavioral Bias, and the Disposition Effect in China [J]. Journal of Financial Economics, 2021, 142 (2): 641-673.

[103] Li M, Du W, Tang S. Assessing the Impact of Environmental Regulation and Environmental Co-Governance on Pollution Transfer: Micro-Evidence from China [J]. Environmental Impact Assessment Review, 2021, 86: 106467.

[104] Li T, Song S, Yang Y. Driving Restrictions, Traffic Speeds and Carbon Emissions: Evidence from High-Frequency Data [J]. China Economic Review, 2022, 74: 101811.

[105] Liang J, Langbein L. Performance Management, High-Powered Incentives, and Environmental Policies in China [J]. International Public Management Journal, 2015, 18 (3): 346-385.

[106] Lin L. Enforcement of Pollution Levies in China [J]. Journal of Public Economics, 2013, 98: 32-43.

[107] Liu H, Salvo A. Severe Air Pollution and Child Absences When Schools and Parents Respond [J]. Journal of Environmental Economics and Management, 2018, 92: 300-330.

[108] Liu T, He G, Lau A K H. Statistical Evidence on the Impact of Agricultural Straw Burning on Urban Air Quality in China [J]. Science of the Total Environment, 2020, 711: 134633.

[109] Ma Z, Liu R, Liu Y, Bi J. Effects of Air Pollution Control Policies on PM2.5 Pollution Improvement in China from 2005 to 2017: A Satellite-based Perspective [J]. Atmos. Chem. Phys., 2019, 19 (10): 6861-6877.

[110] Melitz M J. The Impact of Trade on Intra-Industry Reallocations and Aggregate Industry Productivity [J]. Econometrica, 2003, 71 (6): 1695-1725.

[111] Melitz M J, Polanec S. Dynamic Olley-Pakes Productivity Decomposition with Entry and Exit [J]. The RAND Journal of Economics, 2015, 46 (2): 362-375.

[112] Midrigan V, Xu D Y. Finance and Misallocation: Evidence from Plant-

Level Data [J]. American Economic Review, 2014, 104 (2): 422-458.

[113] Milani S. The Impact of Environmental Policy Stringency on Industrial R&D Conditional on Pollution Intensity and Relocation Costs [J]. Environmental and Resource Economics, 2017, 68 (3): 595-620.

[114] Mollisi V, Rovigatti G. Theory and Practice of TFP Estimation: The Control Function Approach Using Stata [Z]. SSRN Electronic Journal, 2017.

[115] Olley G S, Pakes A. The Dynamics of Productivity in the Telecommunications Equipment Industry [J]. Econometrica, 1996, 64 (6): 1263-1297.

[116] Opp M M, Parlour C A, Walden J. Markup Cycles, Dynamic Misallocation, and Amplification [J]. Journal of Economic Theory, 2014, 154: 126-161.

[117] Pavcnik N. Trade Liberalization, Exit, and Productivity Improvements: Evidence from Chilean Plants [J]. The Review of Economic Studies, 2002, 69 (1): 245-276.

[118] Peters M. Heterogeneous Markups, Growth, and Endogenous Misallocation [J]. Econometrica, 2020, 88 (5): 2037-2073.

[119] Popp D. Environmental Policy and Innovation: A Decade of Research [Z]. NBER Working Paper Series, 2019.

[120] Porter M E, van der Linde C. Toward a New Conception of the Environment-Competitiveness Relationship [J]. The Journal of Economic Perspectives, 1995, 9 (4): 97-118.

[121] Porter M. America's Green Strategy [J]. Scientific American, 1991, 264 (4): 96.

[122] Rajan R G, Zingales L. Financial Dependence and Growth [J]. The American Economic Review, 1998, 88 (3): 559-586.

[123] Restuccia D. The Latin American Development Problem: An Interpretation [J]. Economía, 2013, 13 (2): 69-100.

[124] Restuccia D, Rogerson R. Policy Distortions and Aggregate Productivity with Heterogeneous Establishments [J]. Review of Economic Dynamics, 2008, 11 (4): 707-720.

[125] Restuccia D, Rogerson R. The Causes and Costs of Misallocation [J]. Journal of Economic Perspectives, 2017, 31 (3): 151-174.

[126] Robinson P M. Root-N-Consistent Semiparametric Regression [J]. Econometrica, 1988, 56 (4): 931-954.

[127] Romer P M. Endogenous Technological Change [J]. Journal of Political Economy, 1990, 98 (5): S71-S102.

[128] Sadeghzadeh J. The Impact of Environmental Policies on Productivity and Market Competition [J]. Environment and Development Economics, 2014, 19 (5): 548-565.

[129] Schreifels J J, Fu Y, Wilson E J. Sulfur Dioxide Control in China: Policy Evolution During the 10th and 11th Five-Year Plans and Lessons for the Future [J]. Energy Policy, 2012, 48: 779-789.

[130] Schumpeter J A. Business Cycles [M]. Cambridge: Cambridge University Press, 1939.

[131] Shi X, Xu Z. Environmental Regulation and Firm Exports: Evidence from the Eleventh Five-Year Plan in China [J]. Journal of Environmental Economics and Management, 2018, 89: 187-200.

[132] Smil V. Environmental Problems in China: Estimates of Economic Costs [R]. Honolulu, HI: East-West Center, 1996.

[133] Solow R M. A Contribution to the Theory of Economic Growth [J]. The Quarterly Journal of Economics, 1956, 70 (1): 65-94.

[134] Song Z, Storesletten K, Zilibotti F. Growing Like China [J]. American Economic Review, 2011, 101 (1): 196-233.

[135] Sørensen M, Daneshvar B, Hansen M, Dragsted L O, Hertel O, Knudsen L, Loft S. Personal PM2.5 Exposure and Markers of Oxidative Stress in Blood [J]. Environmental Health Perspectives, 2003, 111 (2): 161-166.

[136] Sun C, Kahn M E, Zheng S. Self-protection Investment Exacerbates Air Pollution Exposure Inequality in Urban China [J]. Ecological Economics, 2017, 131: 468-474.

[137] Sun C, Zheng S, Wang J, Kahn M E. Does Clean Air Increase the Demand for the Consumer City? Evidence from Beijing [J]. Journal of Regional Science, 2019, 59 (3): 409-434.

[138] Tanaka S. Environmental Regulations on Air Pollution in China and Their

Impact on Infant Mortality [J]. Journal of Health Economics, 2015, 42: 90-103.

[139] Tang L, Qu J, Mi Z, Bo X, Chang X, Anadon L D, Wang S, Xue X, Li S, Wang X, Zhao X. Substantial Emission Reductions from Chinese Power Plants After the Introduction of Ultra-Low Emissions Standards [J]. Nature Energy, 2019, 4 (11): 929-938.

[140] Tombe T, Winter J. Environmental Policy and Misallocation: The Productivity Effect of Intensity Standards [J]. Journal of Environmental Economics and Management, 2015, 72: 137-163.

[141] Tombe T, Zhu X. Trade, Migration, and Productivity: A Quantitative Analysis of China [J]. American Economic Review, 2019, 109 (5): 1843-1872.

[142] Tu M, Zhang B, Xu J, Lu F. Mass Media, Information and Demand for Environmental Quality: Evidence from the "Under the Dome" [J]. Journal of Development Economics, 2020, 143: 102402.

[143] Van Beveren I. Total Factor Productivity Estimation: A Practical Review [J]. Journal of Economic Surveys, 2012, 26 (1): 98-128.

[144] Viard V B, Fu S. The Effect of Beijing's Driving Restrictions on Pollution and Economic Activity [J]. Journal of Public Economics, 2015, 125: 98-115.

[145] Wang C, Wu J, Zhang B. Environmental Regulation, Emissions and Productivity: Evidence from Chinese COD-emitting Manufacturers [J]. Journal of Environmental Economics and Management, 2018, 92: 54-73.

[146] Wang H, Mamingi N, Laplante B, Dasgupta S. Incomplete Enforcement of Pollution Regulation: Bargaining Power of Chinese Factories [J]. Environmental and Resource Economics, 2003, 24 (3): 245-262.

[147] Wang H, Wheeler D. Financial Incentives and Endogenous Enforcement in China's Pollution Levy System [J]. Journal of Environmental Economics and Management, 2005, 49 (1): 174-196.

[148] Wang S, Sun X, Song M. Environmental Regulation, Resource Misallocation, and Ecological Efficiency [J]. Emerging Markets Finance and Trade, 2021, 57 (3): 410-429.

[149] Wang X, Zhang C, Zhang Z. Pollution Haven or Porter? The Impact of Environmental Regulation on Location Choices of Pollution-Intensive Firms in China

[J]. Journal of Environmental Management, 2019, 248: 109248.

[150] Wooldridge J M. On Estimating Firm-Level Production Functions Using Proxy Variables to Control for Unobservables [J]. Economics Letters, 2009, 104 (3): 112-114.

[151] Wu G L. Capital Misallocation in China: Financial Frictions or Policy Distortions? [J]. Journal of Development Economics, 2018, 130: 203-223.

[152] Wu H, Guo H, Zhang B, Bu M. Westward Movement of New Polluting Firms in China: Pollution Reduction Mandates and Location Choice [J]. Journal of Comparative Economics, 2017, 45 (1): 119-138.

[153] Wu J, Wei Y D, Chen W, Yuan F. Environmental Regulations and Redistribution of Polluting Industries in Transitional China: Understanding Regional and Industrial Differences [J]. Journal of Cleaner Production, 2018, 206: 142-155.

[154] Xue T, Zhu T, Zheng Y, Zhang Q. Declines in Mental Health Associated with Air Pollution and Temperature Variability in China [J]. Nature Communications, 2019, 10 (1): 2165.

[155] Yang C, Tseng Y, Chen C. Environmental Regulations, Induced R&D, and Productivity: Evidence from Taiwan's Manufacturing Industries [J]. Resource and Energy Economics, 2012, 34 (4): 514-532.

[156] Yang M, Yuan Y, Yang F, Patino-Echeverri D. Effects of Environmental Regulation on Firm Entry and Exit and China's Industrial Productivity: A New Perspective on the Porter Hypothesis [J]. Environmental Economics and Policy Studies, 2021, 23 (4): 915-944.

[157] Young A. Gold into Base Metals: Productivity Growth in the People's Republic of China during the Reform Period [J]. Journal of Political Economy, 2003, 111 (6): 1220-1261.

[158] Zhang J. The Impact of Water Quality on Health: Evidence from the Drinking Water Infrastructure Program in Rural China [J]. Journal of Health Economics, 2012, 31 (1): 122-134.

[159] Zhang J, Mu Q. Air Pollution and Defensive Expenditures: Evidence from Particulate-Filtering Facemasks [J]. Journal of Environmental Economics and Management, 2018, 92: 517-536.

[160] Zhang J, Xu L C. The Long - Run Effects of Treated Water on Education: The Rural Drinking Water Program in China [J]. Journal of Development Economics, 2016, 122: 1-15.

[161] Zhang X, Chen X, Zhang X. The Impact of Exposure to Air Pollution on Cognitive Performance [J]. Proceedings of the National Academy of Sciences, 2018, 115 (37): 9193-9197.

[162] Zheng D, Shi M. Multiple Environmental Policies and Pollution Haven Hypothesis: Evidence from China's Polluting Industries [J]. Journal of Cleaner Production, 2017, 141: 295-304.

[163] Zheng S, Kahn M E, Sun W, Luo D. Incentives for China's Urban Mayors to Mitigate Pollution Externalities: The Role of the Central Government and Public Environmentalism [J]. Regional Science and Urban Economics, 2014, 47: 61-71.

[164] Zheng S, Wang J, Sun C, Zhang X, Kahn M E. Air Pollution Lowers Chinese Urbanites' Expressed Happiness on Social Media [J]. Nature Human Behaviour, 2019, 3 (3): 237-243.

[165] Zhong N, Cao J, Wang Y. Traffic Congestion, Ambient Air Pollution, and Health: Evidence from Driving Restrictions in Beijing [J]. Journal of the Association of Environmental and Resource Economists, 2017, 4 (3): 821-856.

[166] 毕明波．我国增值税发展与改革历程［J］．交通财会，2008（12）：70-73.

[167] 毕青苗，陈希路，徐现祥，李书娟．行政审批改革与企业进入［J］．经济研究，2018，53（2）：140-155.

[168] 曹静，王鑫，钟笑寒．限行政策是否改善了北京市的空气质量？［J］．经济学（季刊），2014，13（3）：1091-1126.

[169] 陈斌开，金箫，欧阳涤非．住房价格、资源错配与中国工业企业生产率［J］．世界经济，2015，38（4）：77-98.

[170] 陈镘，黄柏石，刘晔．PM2.5 污染对中国人口死亡率的影响——基于346 个城市面板数据的实证分析［J］．地理科学进展，2022，41（6）：1028-1040.

[171] 陈诗一，陈登科．中国资源配置效率动态演化——纳入能源要素的新视角［J］．中国社会科学，2017（4）：67-83.

［172］陈帅，张丹丹．空气污染与劳动生产率——基于监狱工厂数据的实证分析［J］．经济学（季刊），2020，19（4）：1315-1334.

［173］陈硕，陈婷．空气质量与公共健康：以火电厂二氧化硫排放为例［J］．经济研究，2014，49（8）：158-169.

［174］陈永伟，陈立中．为清洁空气定价：来自中国青岛的经验证据［J］．世界经济，2012（4）：140-160.

［175］陈永伟，胡伟民．价格扭曲、要素错配和效率损失：理论和应用［J］．经济学（季刊），2011，10（4）：1401-1422.

［176］陈永伟，史宇鹏．幸福经济学视角下的空气质量定价——基于 CFPS2010 年数据的研究［J］．经济科学，2013（6）：77-88.

［177］董夏燕，何庆红．空气污染与中老年人心理健康的关系研究［J］．中国经济问题，2019（5）：50-61.

［178］范丹，叶昱圻，王维国．空气污染治理与公众健康——来自“大气十条”政策的证据［J］．统计研究，2021，38（9）：60-74.

［179］郭庆旺，贾俊雪．中国全要素生产率的估算：1979—2004［J］．经济研究，2005（6）：51-60.

［180］韩超，张伟广，冯展斌．环境规制如何“去”资源错配——基于中国首次约束性污染控制的分析［J］．中国工业经济，2017（4）：115-134.

［181］韩剑，郑秋玲．政府干预如何导致地区资源错配——基于行业内和行业间错配的分解［J］．中国工业经济，2014（11）：69-81.

［182］杭静，郭凯明，牛梦琦．资源错配、产能利用与生产率［J］．经济学（季刊），2021，21（1）：93-112.

［183］何龙斌．国内污染密集型产业区际转移路径及引申——基于 2000—2011 年相关工业产品产量面板数据［J］．经济学家，2013（6）：78-86.

［184］侯伟丽，方浪，刘硕．“污染避难所”在中国是否存在？——环境管制与污染密集型产业区际转移的实证研究［J］．经济评论，2013（4）：65-72.

［185］胡鞍钢，鄢一龙，吕捷．从经济指令计划到发展战略规划：中国五年计划转型之路（1953—2009）［J］．中国软科学，2010（8）：14-24.

［186］胡鞍钢，鄢一龙，吕捷．中国发展奇迹的重要手段——以五年计划转型为例（从“六五”到“十一五”）［J］．清华大学学报（哲学社会科学版），2011，26（1）：43-52.

［187］霍伟东，李杰锋，陈若愚．绿色发展与 FDI 环境效应——从“污染天堂”到“污染光环”的数据实证［J］．财经科学，2019（4）：106-119.

［188］江艇，孙鲲鹏，聂辉华．城市级别、全要素生产率和资源错配［J］．管理世界，2018，34（3）：38-50.

［189］蒋伏心，王竹君，白俊红．环境规制对技术创新影响的双重效应——基于江苏制造业动态面板数据的实证研究［J］．中国工业经济，2013（7）：44-55.

［190］蒋为．环境规制是否影响了中国制造业企业研发创新？——基于微观数据的实证研究［J］．财经研究，2015（2）：76-87.

［191］蒋为，张龙鹏．补贴差异化的资源误置效应——基于生产率分布视角［J］．中国工业经济，2015（2）：31-43.

［192］金晓雨．环境规制与国内污染转移——基于“十一五”COD 排放控制计划的考察［J］．产业经济研究，2018a（6）：115-125.

［193］金晓雨．政府补贴、资源误置与制造业生产率［J］．财贸经济，2018b，39（6）：43-57.

［194］金晓雨．行政审批改革与制造业资源配置［J］．中国经济问题，2021（5）：169-182.

［195］金晓雨．城市建设用地错配与潜在产出损失——基于非参数的核算方法［J］．城市发展研究，2022，29（6）：8-14.

［196］金晓雨，宋嘉颖．环境规制、技术距离与异质性企业研发选择［J］．南方经济，2020（6）：70-86.

［197］靳来群，林金忠，丁诗诗．行政垄断对所有制差异所致资源错配的影响［J］．中国工业经济，2015（4）：31-43.

［198］李春顶．中国出口企业是否存在“生产率悖论”：基于中国制造业企业数据的检验［J］．世界经济，2010，33（7）：64-81.

［199］李坤望，蒋为．市场进入与经济增长——以中国制造业为例的实证分析［J］．经济研究，2015（5）：48-60.

［200］李蕾蕾，盛丹．地方环境立法与中国制造业的行业资源配置效率优化［J］．中国工业经济，2018（7）：136-154.

［201］李力行，黄佩媛，马光荣．土地资源错配与中国工业企业生产率差异［J］．管理世界，2016（8）：86-96.

[202] 李强，王琰. 环境分权、环保约谈与环境污染 [J]. 统计研究，2020，37（6）：66-78.

[203] 李书娟，徐现祥. 目标引领增长 [J]. 经济学（季刊），2021，21（5）：1571-1590.

[204] 李树，陈刚. 环境管制与生产率增长——以 APPCL2000 的修订为例 [J]. 经济研究，2013，48（1）：17-31.

[205] 李卫兵，张凯霞. 空气污染是否会影响犯罪率：基于断点回归方法的估计 [J]. 世界经济，2021，44（6）：151-177.

[206] 李卫兵，张凯霞. 空气污染对企业生产率的影响——来自中国工业企业的证据 [J]. 管理世界，2019，35（10）：95-112.

[207] 李卫兵，邹萍. 空气污染与居民心理健康——基于断点回归的估计 [J]. 北京理工大学学报（社会科学版），2019，21（6）：10-21.

[208] 李小平，卢现祥，朱钟棣. 国际贸易、技术进步和中国工业行业的生产率增长 [J]. 经济学（季刊），2008（2）：549-564.

[209] 李玉红，王皓，郑玉歆. 企业演化：中国工业生产率增长的重要途径 [J]. 经济研究，2008（6）：12-24.

[210] 刘朝，韩先锋，宋文飞. 环境规制强度与外商直接投资的互动机制 [J]. 统计研究，2014，31（5）：32-40.

[211] 刘叶，温宇静，秦丽. 环境规制阻碍了 FDI 企业进入中国吗？——基于工业污染治理投资中介效应的研究 [J]. 财经问题研究，2022（3）：44-52.

[212] 刘悦，周默涵. 环境规制是否会妨碍企业竞争力：基于异质性企业的理论分析 [J]. 世界经济，2018（4）：150-167.

[213] 刘张立，吴建南. 中央环保督察改善空气质量了吗？——基于双重差分模型的实证研究 [J]. 公共行政评论，2019，12（2）：23-42.

[214] 鲁晓东，连玉君. 中国工业企业全要素生产率估计：1999—2007 [J]. 经济学（季刊），2012（2）：541-558.

[215] 罗勇根，杨金玉，陈世强. 空气污染、人力资本流动与创新活力——基于个体专利发明的经验证据 [J]. 中国工业经济，2019（10）：99-117.

[216] 吕小康，王丛. 空气污染对认知功能与心理健康的损害 [J]. 心理科学进展，2017，25（1）：111-120.

[217] 毛其淋，盛斌. 中国制造业企业的进入退出与生产率动态演化 [J].

经济研究，2013（4）：16-29.

［218］毛奕欢，林雁，谭洪涛．中央环保督察与企业生产决策——来自企业实质性改进的证据［J］．产业经济研究，2022（3）：15-27.

［219］聂辉华，贾瑞雪．中国制造业企业生产率与资源误置［J］．世界经济，2011（7）：27-42.

［220］聂辉华，江艇，杨汝岱．中国工业企业数据库的使用现状和潜在问题［J］．世界经济，2012（5）：142-158.

［221］任胜钢，郑晶晶，刘东华，陈晓红．排污权交易机制是否提高了企业全要素生产率——来自中国上市公司的证据［J］．中国工业经济，2019（5）：5-23.

［222］邵军，徐康宁．转型时期经济波动对我国生产率增长的影响研究［J］．经济研究，2011，46（12）：97-110.

［223］沈坤荣，金刚．中国地方政府环境治理的政策效应——基于“河长制”演进的研究［J］．中国社会科学，2018（5）：92-115.

［224］沈坤荣，金刚，方娴．环境规制引起了污染就近转移吗？［J］．经济研究，2017（5）：44-59.

［225］盛丹，张国峰．两控区环境管制与企业全要素生产率增长［J］．管理世界，2019，35（2）：24-42.

［226］孙传旺，徐淑华．城市机动车限行对 PM2.5 的影响与效果检验［J］．中国管理科学，2021，29（1）：196-206.

［227］孙伟增，张晓楠，郑思齐．空气污染与劳动力的空间流动——基于流动人口就业选址行为的研究［J］．经济研究，2019，54（11）：102-117.

［228］孙晓华，袁方，翟钰，王昀．政企关系与中央环保督察的治理效果［J］．世界经济，2022，45（6）：207-236.

［229］孙学敏，王杰．环境规制、引致性研发与企业全要素生产率——对“波特假说”的再检验［J］．西安交通大学学报（社会科学版），2016（2）：10-16.

［230］孙学敏，王杰．环境规制对中国企业规模分布的影响［J］．中国工业经济，2014（12）：44-56.

［231］涂正革，谌仁俊．排污权交易机制在中国能否实现波特效应？［J］．经济研究，2015，50（7）：160-173.

［232］王柏杰，周斌．货物出口贸易、对外直接投资加剧了母国的环境污染吗？——基于“污染天堂假说”的逆向考察［J］．产业经济研究，2018（3）：77-89.

［233］王班班．环境政策与技术创新研究述评［J］．经济评论，2017（4）：131-148.

［234］王兵，聂欣．经济发展的健康成本：污水排放与农村中老年健康［J］．金融研究，2016（3）：59-73.

［235］王贵东．1996—2013 年中国制造业企业 TFP 测算［J］．中国经济问题，2018（4）：88-99.

［236］王杰，刘斌．环境规制与企业全要素生产率——基于中国工业企业数据的经验分析［J］．中国工业经济，2014（3）：44-56.

［237］王岭，刘相锋，熊艳．中央环保督察与空气污染治理——基于地级城市微观面板数据的实证分析［J］．中国工业经济，2019（10）：5-22.

［238］王勇，李雅楠，俞海．环境规制影响加总生产率的机制和效应分析［J］．世界经济，2019（2）：97-121.

［239］王志刚，龚六堂，陈玉宇．地区间生产效率与全要素生产率增长率分解（1978—2003）［J］．中国社会科学，2006（2）：55-66.

［240］魏玮，毕超．环境规制、区际产业转移与污染避难所效应——基于省级面板 Poisson 模型的实证分析［J］．山西财经大学学报，2011（8）：69-75.

［241］魏下海，林涛，张宁，刘鸿优．无法呼吸的痛：雾霾对个体生产率的影响——来自中国职业足球运动员的微观证据［J］．财经研究，2017，43（7）：4-19.

［242］谢呈阳，周海波，胡汉辉．产业转移中要素资源的空间错配与经济效率损失：基于江苏传统企业调查数据的研究［J］．中国工业经济，2014（12）：130-142.

［243］谢千里，罗斯基，张轶凡．中国工业生产率的增长与收敛［J］．经济学（季刊），2008（3）：809-826.

［244］徐现祥，刘毓芸．经济增长目标管理［J］．经济研究，2017，52（7）：18-33.

［245］徐彦坤，祁毓．环境规制对企业生产率影响再评估及机制检验［J］．财贸经济，2017（6）：147-161.

［246］徐志伟．环境规制扭曲、生产效率损失与规制对象的选择性保护［J］．产业经济研究，2018（6）：89-101.

［247］杨继东，章逸然．空气污染的定价：基于幸福感数据的分析［J］．世界经济，2014，37（12）：162-188.

［248］杨汝岱．中国制造业企业全要素生产率研究［J］．经济研究，2015（2）：61-74.

［249］姚战琪．生产率增长与要素再配置效应：中国的经验研究［J］．经济研究，2009，44（11）：130-143.

［250］余淼杰，金洋，张睿．工业企业产能利用率衡量与生产率估算［J］．经济研究，2018（5）：56-71.

［251］袁成，刘舒亭．空气污染、居民风险认知与我国商业健康保险消费［J］．保险研究，2020（8）：88-102.

［252］原毅军，刘柳．环境规制与经济增长：基于经济型规制分类的研究［J］．经济评论，2013（1）：27-33.

［253］张彩云，盛斌，苏丹妮．环境规制、政绩考核与企业选址［J］．经济管理，2018（11）：21-38.

［254］张彩云，夏勇，王勇．总量控制对资源配置的影响：基于“两控区”和约束性污染控制政策的考察［J］．南开经济研究，2020（4）：185-205.

［255］张少辉，余泳泽．土地出让、资源错配与全要素生产率［J］．财经研究，2019，45（2）：73-85.

［256］张天华，张少华．中国工业企业实际资本存量估计与分析［J］．产业经济研究，2016（2）：1-10.

［257］赵祥，曹佳斌．地方政府“两手”供地策略促进产业结构升级了吗——基于105个城市面板数据的实证分析［J］．财贸经济，2017，38（7）：64-77.

［258］赵玉杰，高扬，周欣悦．天气和空气污染对诚信行为的影响：一项校园丢钱包的现场实验［J］．心理学报，2020，52（7）：909-920.

［259］郑石明．环境政策何以影响环境质量？——基于省级面板数据的证据［J］．中国软科学，2019（2）：49-61.

［260］周广仁．中国增值税改革发展四十年实践与思考［J］．税务研究，2018（12）：27-32.

［261］周浩，郑越．环境规制对产业转移的影响——来自新建制造业企业选址的证据［J］．南方经济，2015（4）：12-26.

［262］周瑞辉，刘耀彬，杨新梅．环境规制强度与行业内企业加总全要素生产率［J］．南京财经大学学报，2021（5）：86-96.

［263］周申，海鹏，张龙．贸易自由化是否改善了中国制造业的劳动力资源错配［J］．世界经济研究，2020（9）：3-18.

［264］周沂，郭琪，邹冬寒．环境规制与企业产品结构优化策略——来自多产品出口企业的经验证据［J］．中国工业经济，2022（6）：117-135.

［265］朱平芳，张征宇，姜国麟．FDI 与环境规制：基于地方分权视角的实证研究［J］．经济研究，2011（6）：133-145.